国家自然科学基金项目(52309123、42277186)
中央级公益性科研院所基本科研业务费专项资金项目(CKSF2023310/YT、CKSF2023319/YT) 联合资助

高应力作用下脆性岩石时滞性破坏特性研究

Study on Time-lagged Fracture Characteristic of
Brittle Rock under High Stress Condition

张利洁 汪 斌 聂文波
丁长栋 於汝山 庞正江 等著

中国地质大学出版社
CHINA UNIVERSITY OF GEOSCIENCES PRESS

图书在版编目(CIP)数据

高应力作用下脆性岩石时滞性破坏特性研究/张利洁等著.—武汉:中国地质大学出版社,
2023.11
ISBN 978-7-5625-5768-5

Ⅰ.①高… Ⅱ.①张… Ⅲ.①岩石破坏机理-研究 Ⅳ.①TU45

中国国家版本馆 CIP 数据核字(2023)第 256900 号

高应力作用下脆性岩石时滞性破坏特性研究	张利洁 汪 斌 聂文波	等著
	丁长栋 於汝山 庞正江	

责任编辑:张 林	选题策划:江广长 段 勇	责任校对:张咏梅

出版发行:中国地质大学出版社(武汉市洪山区鲁磨路388号)	邮编:430074
电 话:(027)67883511　　传 真:(027)67883580	E-mail:cbb@cug.edu.cn
经 销:全国新华书店	http://cugp.cug.edu.cn
开本:787mm×1092mm 1/16	字数:250 千字　　印张:9.75
版次:2023 年 11 月第 1 版	印次:2023 年 11 月第 1 次印刷
印刷:武汉市籍缘印刷厂	
ISBN 978-7-5625-5768-5	定价:88.00 元

如有印装质量问题请与印刷厂联系调换

前言

近年来,随着我国国民经济和科学技术的发展,深部岩体工程越来越多,面临高地应力与高外水压力引起的结构安全、岩爆和长隧洞的快速施工等一系列挑战性的工程,通过试验研究深部岩体的力学性质成为一个紧迫的课题。深部高应力脆性岩体的微破裂机制及其强度随时间劣化的效应等关键问题是目前深埋岩石力学理论研究的国际前沿课题。西部水电工程地下洞室大都具有大埋深、超高地应力的特点,洞室围岩体的力学响应明显有别于浅部岩体,由此造成工程灾害的成灾机理、工程稳定控制及其设计理论等方面也有着显著的差异,研究高应力条件下围岩力学特性规律,明确其变形破裂机理是迫切需要解决的科学问题。

本书以典型的脆性岩石大理岩和灰岩为研究对象,通过系统的试验研究、理论分析和数值仿真手段,研究了高应力脆性岩石的滞后破坏效应、高应力脆性岩石的破坏驱动应力水平随损伤时间演化的规律以及高应力脆性岩石的强度参数随损伤时间劣化的规律。考虑高应力和损伤时间的影响,选取合理的力学模型,对某水电站地下厂房洞室群围岩进行数值仿真开挖和支护分析,研究开挖过程中围岩的位移场、应力场、塑性区等的分布特征和演化规律,掌握地下厂房洞室群开挖过程中围岩的变形规律、变形量、可能的围岩失稳破坏模式及部位等围岩力学行为,为地下厂房的开挖支护设计改进、监测布置等提供依据。

本书内容丰富、理论和工程实例相结合,可供地质、水工、矿山、隧道、军工、地震等相关工程的科研和设计等工程技术人员和大专院校师生参考。

本书由张利洁、汪斌、聂文波、丁长栋、於汝山、庞正江、余美万、吴树良、张宜虎、罗荣、范雷、艾凯、候炳绅、陈冲、周密、耿军民、尹红梅等合著,张利洁统稿。

由于作者水平有限,书中难免有疏漏之处,恳请业界前辈和读者不吝赐教。

作　者

2023 年 4 月 18 日于武汉

目录

第一章　绪　论 ………………………………………………………………………… (1)
　第一节　研究意义 …………………………………………………………………… (1)
　第二节　国内外研究现状、发展趋势及存在问题 ……………………………… (2)
　　一、高地应力脆性岩石力学特性 ………………………………………………… (2)
　　二、高应力脆性岩石变形及强度的时效特性 …………………………………… (5)
　　三、高应力脆性岩石破坏机制 …………………………………………………… (6)
　　四、发展趋势及存在问题 ………………………………………………………… (7)
　第三节　主要研究思路 ……………………………………………………………… (8)
　第四节　主要研究内容及创新点 …………………………………………………… (8)
　　一、主要研究内容 ………………………………………………………………… (8)
　　二、创新点 ………………………………………………………………………… (11)

第二章　高应力脆性岩石时滞性单轴压缩试验研究 ………………………… (13)
　第一节　典型岩石试样的选取 ……………………………………………………… (13)
　　一、岩石的矿物成分 ……………………………………………………………… (13)
　　二、岩石波速 ……………………………………………………………………… (15)
　第二节　岩石常规单轴压缩试验研究 ……………………………………………… (17)
　　一、试验设备 ……………………………………………………………………… (18)
　　二、试验方法 ……………………………………………………………………… (18)
　　三、灰岩和大理岩单轴压缩常规试验成果分析 ………………………………… (18)
　　四、常规单轴压缩试验中的时效性 ……………………………………………… (27)
　第三节　高应力岩石时滞性单轴压缩试验研究 …………………………………… (27)
　　一、试验设备 ……………………………………………………………………… (28)
　　二、试验方法 ……………………………………………………………………… (28)
　　三、时滞性单轴压缩试验中岩石的应力应变特征 ……………………………… (28)
　　四、时滞性单轴压缩试验中应力强度随时间变化的规律 ……………………… (33)
　　五、灰岩和大理岩时滞性单轴压缩破坏特征分析 ……………………………… (35)
　第四节　本章小结 …………………………………………………………………… (38)

第三章 高应力脆性岩石三轴时滞特性研究 (40)
第一节 岩石三轴压缩强度特性研究 (41)
一、试验设备 (41)
二、试验方法 (41)
三、试验成果分析 (42)
第二节 岩石三轴卸荷强度特性研究 (52)
一、试验设备 (52)
二、试验方法 (52)
三、试验成果分析 (53)
第三节 岩石三轴压缩强度时滞性特性研究 (65)
一、试验设备 (66)
二、试验方法 (67)
三、试验成果分析 (67)
第四节 本章小结 (73)

第四章 高应力脆性岩石加、卸载破坏机理的微细观试验研究 (75)
第一节 岩石破裂断口的微观 SEM 试验研究 (75)
第二节 岩石加、卸荷破裂的 CT 扫描研究 (79)
第三节 岩石破坏过程的 AE 声发射试验 (84)
一、试验设备 (84)
二、试验方法 (85)
三、试验成果分析 (85)
第四节 本章小结 (87)

第五章 基于加、卸载损伤控制的岩石力学参数演化规律 (89)
第一节 特征强度的确定方法研究 (89)
一、闭合应力 σ_{cc}、启裂应力 σ_{ci} 与损伤应力 σ_{cd} (89)
二、锦屏水电站大理岩启裂强度、损伤强度确定方法 (91)
第二节 基于损伤控制的抗剪强度参数演化规律 (95)
第三节 剪胀角演化规律研究 (100)
一、大理岩不同围岩下扩容效应 (100)
二、岩石破坏过程中剪胀角演化规律 (102)
三、围压对剪胀效应的影响及塑性参数对剪胀效应的影响分析 (104)
四、双参数非线性剪胀角模型 (105)
第四节 本章小结 (107)

第六章 高应力脆性岩石时滞性力学模型及其工程应用 (109)
第一节 高应力下岩石强度准则研究 (110)
一、岩石不同围压下的莫尔-库仑强度准则分析 (110)
二、高应力下岩石强度的非线性特征分析 (115)

    第二节 高应力下岩石本构关系研究 …………………………………………… (118)
        一、岩石加载损伤统计本构模型 ………………………………………………… (119)
        二、不同应力水平下大理岩本构关系 …………………………………………… (120)
    第三节 高应力下围岩时滞性破坏特性研究 ……………………………………… (121)
        一、围岩发生时滞性破坏过程中其参数随损伤时间劣化的特征 …………………… (121)
        二、描述岩石时滞性破坏的力学模型 …………………………………………… (123)
    第四节 某水电站地下厂房洞室群围岩稳定性分析 ……………………………… (123)
        一、工程概况 …………………………………………………………………… (123)
        二、数值计算条件 ………………………………………………………………… (124)
        三、力学模型与计算参数 ………………………………………………………… (125)
        四、地应力模拟 …………………………………………………………………… (125)
        五、支护结构模拟 ………………………………………………………………… (125)
        六、开挖分析方案 ………………………………………………………………… (125)
        七、成果分析 …………………………………………………………………… (127)
    第五节 本章小结 …………………………………………………………………… (133)
第七章 结论与展望 ……………………………………………………………………… (135)
    第一节 主要研究成果与结论 ……………………………………………………… (135)
    第二节 展　望 ……………………………………………………………………… (139)
主要参考文献 ………………………………………………………………………………… (140)

第一章 绪 论

第一节 研究意义

当前,随着我国科学技术和经济实力的蓬勃发展,山区水电开发等大型水利水电工程建设不断取得进展,越来越多的深部岩体建设工程随之出现。面对日益凸显的能源危机,深部资源开发是人类的必然选择。就水电开发工程而言,拉西瓦水电站地下工程厂房区开挖监测到的最大主应力达 30MPa;锦屏一级水电站地下工程厂房区位于高地应力区,现场实测的最大主应力约 38MPa;锦屏二级水电站的辅助引水隧洞也处于高地应力区,最大主应力高达 42.4MPa;滇中引水工程最长隧洞洞段长 55km,最大埋深达 1370m,自重应力约 37MPa。在矿山开采活动中,国外一些国家 20 世纪 80 年代开采深度就达到 900m,20 世纪 80 年代末苏联就有一半以上的产量来自 600m 以下的深部。同样,在公路建设中也出现了越来越多的地应力较高的长大隧洞,如已贯通的大瑶山隧道,全长 14.3km,最大埋深 900m。

由于位于地下深部的岩石力学工程与浅部岩石力学工程所处的工程地质环境存在显著差异,所以深部岩体的力学性质及岩体的工程响应也有显著差异,由此产生的工程灾害孕灾机制、稳定性防治及其工程设计理念等也存在明显不同。何满潮等(2010)旨在针对深部"三高一扰动"复杂地质力学环境下,从深部开采中的岩石力学基础理论、深部开采诱发的重大工程灾害的机理、预测和控制以及深部开采资源的方法与关键技术等多方面研究了深部开采中的一些科学问题。

由于很多深部岩体工程所处地质条件达不到现场试验的要求,所以通过室内岩石力学试验来研究深部岩体力学特性就显得尤为重要。为深化和拓展深部岩石力学的理论体系,岩石力学的室内试验和理论研究显然是非常重要的手段。

近几十年来,国内外学者针对深埋地下高应力岩石相关领域采用多种研究手段做了许多富有成效的研究工作。20 世纪 70—80 年代,加拿大和法国的 URL 试验室、瑞典的 HRL 试验室、韩国的 KAERI 等展开了大量的、卓有成效的深部岩石力学特性研究(谢和平,2002;古德生,2002;Martion J B and Chandler N A,2004)。近几十年来,国内外学者在深部岩体卸荷破坏的形成机理、本构模型和数值模拟及现场试验等方面也取得了卓有成效的理论研究成果和试验研究成果(Nguyen T S et al.,2001;Cai M et al.,2004;Mitaim S and Detournay E,2004;Cai M et al.,2001)。为了研究高应力岩石的破坏机理,研究岩石加、卸载条件下内部微细观裂纹的发展变化,首先要进行岩石基本力学特性方面的研究。令人欣喜的是,经过几十年的努力，人们对岩体的破坏机理和强度特征都有了新的、更加深入透彻的认识(冯夏庭和王泳嘉，1998)。岩石微裂隙的产生与发展是决定深部岩体力学特性及其强度时效性的首要因素，而对岩石基本力学特性的研究必须以室内试验为前提。高应力条件下岩石开挖卸荷引发岩爆也是岩石破坏常见形式之一。随着越来越多的深部岩体工程的出现，人们发现深部岩体具有岩爆时间效应(张镜剑和傅冰骏，2008；Griffith A，1921)。

虽然学者们在深部岩体破裂形成原因及损伤区内岩体的力学特性方面取得了丰硕的成果，但深部岩体开挖卸荷过程中微细裂纹孕育、扩展的时效特性等问题还有待深入研究。由于实际问题的复杂性，目前对于深部岩体开挖发生的时滞性破坏机制及其响应的时效性机理尚未认识清楚，深部高应力岩体的微破裂机制及其强度变形的时间效应等关键问题目前尚未得到很好的解决，这也是目前深埋岩石力学理论研究的国际前沿热点课题。因此，迫切需要通过系统的试验及理论研究提出深埋岩石(体)非线性加、卸荷过程中的时滞性破坏机制的分析方法，为深埋地下岩石工程设计、施工及安全运行提供新的定量分析和优化设计的创新性理论。这些研究成果一旦成功应用于国内外水电建设领域、交通建设领域及核废料储存领域，必将推动岩石力学的发展。

本书以锦屏水电站工程和滇中引水工程为依托，现场选取典型的灰岩和大理岩这两种高应力脆性岩石为研究对象，进行基于 RMT 岩石力学试验系统的不同应力路径下的常规单轴压缩试验和时滞性单轴压缩试验，基于 MTS815.03 型岩石力学试验系统的多种应力状态和多种应力路径下的三轴卸围压试验以及三轴压缩强度试验，基于电镜扫描、CT 扫描及 AE 声发射测试等室内岩石实验手段，通过实验数据拟合得到高应力岩石强度随荷载作用时间劣化的函数关系，建立岩石滞后破坏所需时间与驱动应力水平之间的函数关系，研究高应力脆性岩石时滞性演化特征和规律，从而初步形成一套地下深埋岩体开挖后围岩的长期稳定性预测与评价的全新的室内试验方法。

第二节　国内外研究现状、发展趋势及存在问题

近几十年来，国内外学者在上述问题的一些相关领域开展了大量有针对性的研究，极大地丰富了试验岩石力学的研究手段，提出了许多创新性的研究成果。以下将从高地应力脆性岩石力学特性、高应力脆性岩石变形及强度的时效性、高应力脆性岩石破坏机制等几个方面介绍国内外在该领域的研究进展。

一、高地应力脆性岩石力学特性

为了使岩石更好地为人类服务，减少或防止与岩石相关的自然灾害，国内外学者在相关领域进行了许多开拓性的、卓有成效的研究工作。研究者通过常规单轴和三轴不同应力路径加、卸载试验、耦合声发射试验、CT 扫描试验等多种方法，进行了各种不同的岩石力学试验，以崭新的视角来研究岩石的变形破坏规律，取得了大量可喜的创新性研究成果。

Griffith(1921)最早提出脆性材料内部的裂纹或缺陷所引起的应力集中会直接导致脆性材料的破坏。为了从微观角度解释岩石破坏前的扩容现象,Brace 等(1966)提出了裂纹滑动模型。Hoek(2005)针对脆性岩石物理力学特性进行了大量的试验和理论研究工作。经过 40 余年的努力,特别是 20 世纪 90 年代以来,为满足在脆性岩体地区建立地下核废料处理站需要开展的研究工作,以及测试技术的发展和应用,进一步加深了对脆性岩体的破坏机制和变形强度特征的认识。图 1.1 以曲线形式总结了上述研究成果,认为脆性岩石在单轴压缩过程中具有如下几个典型阶段的力学响应:阶段 Ⅰ(初始裂纹闭合阶段)、阶段 Ⅱ(弹性压缩阶段)、阶段 Ⅲ(裂纹稳定增长阶段)、阶段 Ⅳ(裂纹加速增长阶段)。

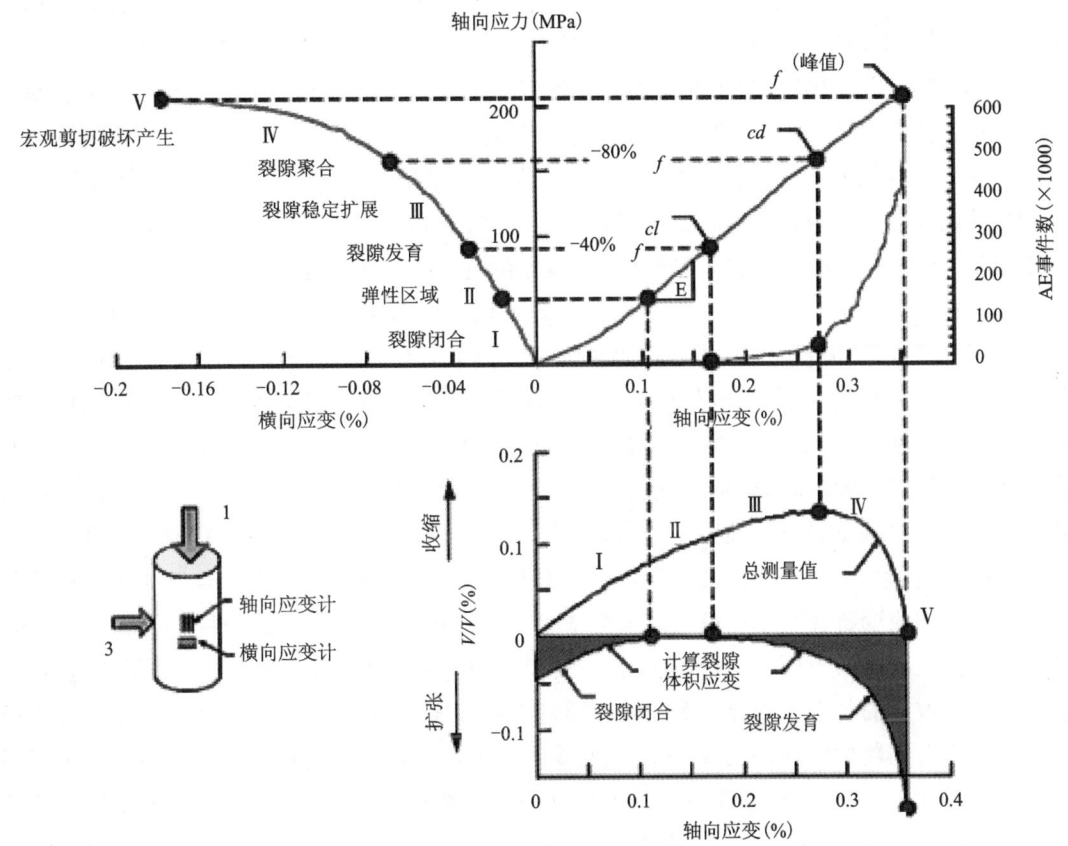

图 1.1 脆性岩石压缩过程中的力学特性(据 CAI M et al.,2004)

葛修润(2008)通过试验研究指出,脆性岩石应力应变全过程曲线控制其疲劳破坏状态下的变形,其基本力学特性实际上取决于岩石受荷条件下内部裂纹的发展状况。尤明庆等(2007)对不同内径孔道大理岩试样进行了常规三轴压缩试验,根据试验成果详细分析了试样内非均匀应力分布与承载能力和变形特性的相关关系。潘志鹏等(2009)通过岩石三轴压缩并耦合声发射试验分析了岩石全应力应变曲线,提出了脆性岩石的破裂机制。喻勇和尹建民(2004)应用 MTS 和 RMT,研究了花岗岩在单轴、三轴压缩、断裂及劈裂等加载方式下的能量耗散特征。吴刚(2001)认为各类岩体在加、卸载的作用下,首先会产生体积压缩,之后产生体积膨胀。徐林生等(2002)对所取试样施加围压至静水压力状态,随后增加轴压到岩样破坏前的某一应力水平,然后再降围压,同时施加轴压,当达到应力峰值后继续试验,由此获得了应力峰值后的各种围压下的残余强度。钱七虎(2004)认为围岩的劈裂效应是由高地应力和开挖卸荷二者所共同引起的。高春玉等(2005)通过试验研究了大理岩加、卸载条件下的岩石力学特性。沈军辉等经过试验研究得出卸荷岩体会沿卸荷方向强烈扩容的重要结论。为获取大理岩的强度和变形特性,徐松林和王广印等(2001)对大理岩进行了常规三轴全过程的压缩试验,并对大理岩进行了峰前、峰后卸载试验研究。周小平等(2005)基于岩石损伤断裂力学理论推导出了卸荷条件下包括应力跌落、应变软化、线弹性和非线性强化4个阶段的全过程应力应变关系。沈明荣等(2003)对红砂岩进行了三轴试验,该试验采用了不同的加载路径,从而得到了不同加载路径下的应力和应变曲线。试验表明,在不同加载路径条件下,岩石变形与常规试验完全不同,表现出显著的非线性特征。周维垣等(1997)采用非连续变形分析了岩石边坡的流变和卸荷特征,推导了岩石的本构关系和计算方法,用于分析岩石边坡的开裂卸荷机理。卢应发等(2005)基于不同加载路径的三轴试验,探讨了饱和岩石在排水、不排水、比例加载以及侧向卸载试验等方式下,岩体的强度特征和变形破坏特征。吴刚和孙钧(1998)基于损伤力学理论,建立了适用于脆弹性岩体卸荷破坏的损伤本构模型。

  岩石在复杂环境条件下的力学特性较常规环境下的力学特性更加复杂。国内外一些学者获取了许多极端环境条件下的岩石力学成果。方荣等(2005)获取了大理岩在不同温度条件下的应力应变特性,并系统地分析了高温和循环高温作用对大理岩的力学性质的影响。陈四利等(2003)通过对几种岩石在化学腐蚀下的细观力学试验,获得了裂纹扩展过程的显微与全景图像,通过对其腐蚀机理的分析和微细观特征的研究,建立了岩石化学损伤力学模型。徐光苗等(2006)基于岩石单轴压缩与三轴压缩试验,分析了在$-20℃\sim 20℃$冻结温度下不同含水量的岩石的变形和强度特征。曹广祝等(2005)基于耦合 CT 机的砂岩三轴压缩试验研究了该岩石的应变特性及破坏模式。朱合华等(2006)获取了不同高温条件下的熔结凝灰岩、花岗岩及流纹状凝灰角砾岩的峰值应力、应变及弹模随温度的变化规律,并研究了峰值应力、应变与纵波波速的关系。周青春等(2005)通过不同温度、不同围压及不同孔隙水压力和围压条件下的耦合三轴试验,研究了南水北调西线一期工程砂岩的强度特性和变形特性。为了描述脆性岩石在加、卸荷变形过程中微细观裂纹的演化规律,大量学者采用 AE 声发射试验这种手段。Lei 等(2004)采用 AE 声发射试验研究了缺陷岩石变形破坏过程的时空分形特征。梁忠雨等(2007)基于不同岩石耦合力学试验的声发射,研究了岩石受压过程中的力学特性。潘长良等(2001)研究了岩石变形及破坏过程中的声发射信号,用于指导硬质矿山的岩爆预报。

  上述研究虽然从深部岩体破裂形成原因及损伤区内岩体的力学特性方面取得了丰硕的成果,但仍然忽略了深部岩体开挖卸荷过程中微裂纹孕育、扩展的时效特性。URL 实验室和锦屏水电站工程辅助引水隧洞中高应力破坏的时间滞后效应证明开展开挖卸荷后裂纹及强度时效特性研究具有现实的工程意义。

二、高应力脆性岩石变形及强度的时效特性

岩石的时效特性研究与蠕变是不同的两个概念,Malan(1999)认为蠕变是恒定应力下的持续变形且一般是室内试验试样的尺度,不包含大尺度的不连续;时间效应更多的是指原始岩石的蠕变、大尺度的不连续性、破坏的滞后性和长期性荷载。目前,在理论分析方面很大程度上仍然借鉴传统的流变对脆性岩石强度的时间效应进行研究,即以应变率为主要研究对象的时间效应的本构模型和围绕裂纹或损伤随时间的演化关系建立的断裂损伤理论模型来处理时间效应问题,仍然是基于传统流变理论发展的处理时间效应问题的模型。金丰年(1995)从基于岩石流变特性建立了损伤劣化本构方程,并通过试验验证了模型的正确性。夏熙伦和徐平(1996)以长江三峡船闸区的闪云斜长花岗岩为研究对象,进行了闪云斜长花岗岩的单轴压缩流变试验,试验表明岩石随时间而变化的强度与其风化程度相关,为了描述花岗岩的时滞性,可以根据花岗岩应力值的高低正确采用 Keliv 模型和西原模型。曹树刚等(2002)根据岩石的时效性特性,对西原正夫模型进行了改进。杨圣奇等(2006)以饱和状态下的坚硬大理岩和绿片岩为研究对象,采用 RLW-2000,对其进行了三轴压缩流变试验。该试验采用了不同级别的围压,研究了轴向和侧向应变随时间的演化特征。浦奎英和范华林(2001)基于岩石损伤理论建立了岩石流变损伤本构模型,该模型可以考虑岩石的非线性流变特征,并通过计算验证了模型的正确性。丁秀丽(2005)系统开展了不同尺度的岩石与结构面蠕变特性的试验研究,研究对象主要针对国家大型水利水电工程,通过现场试验和观测,提出了新的流变本构方程。肖洪天等(2000)通过大量的流变试验,建立了岩体损伤流变力学模型。李铀等(2003)研究了脆性的花岗岩,对其饱水状态和风干状态分别进行单轴流变试验,试验表明风干状态下花岗岩的强度较高,但其流变速率和变形量与饱水状态相比明显减小。杨春和等(2002)独辟蹊径,以盐岩为研究对象,对其进行了蠕变试验,提出了非线性状态下的盐岩的蠕变本构模型。单仁亮等(2003)以花岗岩和大理岩这两种典型的脆性岩石为研究对象,建立了考虑岩石冲击效应的损伤本构方程,该方程吸取了统计损伤模型和黏弹性模型的优点。Costin(1983)借鉴了损伤岩石力学和断裂岩石力学的理论方法,研究了脆性岩石的时滞性破坏特性,根据实验结果提出了一个重要结论:蠕变损伤是具有应力门槛值的。刘泉声等(2001)选取花岗岩为试验对象,对其进行单轴和三轴蠕变试验,考虑了温度的影响,提出了温度作用下的蠕变模型-时温等效模型。Korzenorwski(1991)研究了环境恶化对岩石的影响,认为随着环境恶化,岩石内部裂隙会不断发展扩大最终形成大的断裂,导致岩体失稳。基于岩石介质是连续的、各向同性的且存在初始裂纹的假设,周汉民等(2005)导出了节理黏聚力的一种具有封闭解的时间方程,他们利用的是分支裂隙扩展建立断裂力学模型,同时利用该断裂力学模型验证了时效性对于脆性破坏岩石的重要性。在卸荷瞬时强度及长期强度研究方面,汪斌等(2008,2010a,2010b)通过对深埋大理岩的延塑性及强度的非线性特性进行了试验验证,得到了高应力及不同应力路径下大理岩力学参数差异性,并通过三轴卸围压流变试验得到了损伤流变本构关系及参数。陈宗

基和康文法(1991)提出了岩石流变扩容方程。邓广哲和朱维申(1998,2002)从微观角度研究了花岗岩大理岩等脆性岩石,研究了从微观裂纹产生到最终宏观破坏的整个过程,认为岩体工程活动中一定要注意裂纹的启裂与扩展,因为裂纹的启裂与扩展会弱化岩石的力学性质。加拿大 URL 实验室对 Lac du Bonnet 花岗岩的强度特征开展了深入细致的研究工作,作为重要研究成果之一,Martin(1997)提出了峰后岩体参数变化的 CWFS(cohesion weakening and friction strengthening)描述,其目的在于从机理上说明深埋脆性岩体的破坏机理:硬岩屈服后,黏聚力减小,摩擦角增大,而造成这种现象的原因之一是岩石在荷载作用下的(微)破裂特性。大量的深部开采工程表明,深部环境下脆性岩石会产生显著的时间效应(Malan,1999,2002),即使是坚硬的花岗岩,在裂纹扩展和地下水的作用下,岩石强度也会被极大地削弱。

高应力条件下脆性岩石开挖卸荷引发岩爆是岩石破坏常见形式之一。开挖卸荷会导致洞壁脆性岩石应力集中,储存在岩体中的弹性应变能突然释放,从而引发岩爆这种动力灾害,有时还会伴随洞壁围岩的松脱和剥落、岩块的弹射以及大量岩体抛射等现象,这种具有突发性、滞后性、延续性、衰减性、猛烈性及危害性等特点的岩体破坏现象,其力学过程十分复杂。近年来,国内外学者通过工程案例证实了岩石存在时间效应。何满潮等(2007)发现了瞬时岩爆、标准岩爆和滞后岩爆3种现象,他们利用自己开发的深部岩爆过程模拟系统对岩爆的物理过程进行了模拟,并且通过不同的加载路径得到了花岗岩试样破坏的时间效应,同时通过对破坏时间不同的岩样进行电镜扫描,探讨了岩爆的发生机理。李江腾等(2006)从裂纹发生发展的微细观角度作了大量的研究,指出了亚临界裂纹扩展的速度和门槛值,从一个崭新的角度提出了岩石时滞性特性。杨艳霜等(2011)以锦屏二级水电站大理岩为研究对象,现场观测了岩爆的特征,然后取样进行了单轴压缩试验,观察了试验过程中的裂纹扩展特征,发现裂纹是缓慢发展的,除了主导裂纹外,还会伴生次生裂纹。

三、高应力脆性岩石破坏机制

工程实践中,岩石渐进破坏过程研究主要依赖围岩变形监测、声波检测及钻孔电视等,但还无法对地下近场围岩岩体的强度及其所处的应力状态进行合理评估,也无法捕捉到近场围岩体损伤及强度劣化的全过程,近年来发展起来的岩体声发射监测和微地震监测则可望解决这一问题。

刘冬梅等(2006)以砂岩、花岗岩为研究对象,采用全息干涉法、数字摄像机与图像处理综合测量系统,实时观测试样裂纹扩展与变形破坏过程。李俊平等(2006)以 4 种岩石为研究对象,开展渗流单轴压缩实验和非渗流的单轴压缩试验,试验过程中采用 AE 声发射观察到岩体的微细观特征。岩石的声发射特征及 Kaiser 效应的应力点以及力学性质都会随着加载速率的增大受到不同程度的影响,张茹等(2006)以花岗岩为研究对象,采用单轴压缩耦合 AE 声发射试验,分析了花岗岩的声发射特征,其分析结果可用于指导深埋地下水电岩爆的监测。当岩石的负荷加载到破坏强度的 60%~70%时,会发生声发射现象。Cai 等(2004)通过脆性岩石全过程压缩破坏 AE 试验,得到了岩石及不同节理组数岩体破坏的启裂强度阈值范围、损伤强度值范围,与 AE/MS 监测的启裂值与损伤值的特征信号判别结果一致。李庶林等(2004)对岩石进行单轴压缩的同时,还进行了声发射试验,获取了岩石破坏的微细观特征和声发射特征。

计算机断层扫描(computed tomography,CT)是目前对岩石内部损伤可视化分析的一种非常有效的方法。CT 技术可以在岩石无损的情况下观测其微细观裂纹的发展。它可以作为岩石声发射监测的补充,帮助研究者更好地掌握岩体受荷条件下微破裂的发展过程,进而研究深部卸荷岩体时效破坏机制。任建喜(2002)首次在岩石单轴压缩试验中耦合了 CT 实时分析实验,观察了岩石劣化过程的微观机理。葛修润和任建喜(2000)、陈厚群等(2006)、仵彦卿等(2005)通过岩石常规加、卸实验耦合 CT 的方法,分析研究了特殊环境下岩石微细观特征。

四、发展趋势及存在问题

综上所述,由于实际问题的复杂性,目前对深部岩体开挖发生的时滞性破坏机制及其响应的时效性机理尚未认识清楚,对脆性岩石变形和破坏的时效机制与规律的认识尚不够深入和充分,对深部高应力岩体的微破裂机制及其强度变形的时间效应等关键问题目前尚未得到很好的解决,这也是目前深埋岩石力学理论研究的国际前沿课题,因此迫切需要系统开展高应力岩石强度变形时间效应的试验研究和对强度变形时间效应演化规律的研究,建立与岩石强度变形的时间效应特征相适应的试验方法和理论模型,通过系统研究提出深埋岩石(体)非线性加、卸荷过程中的时滞性破坏机制的分析方法,为深埋地下岩石工程设计、施工及运行安全提供新的分析和设计理论。对脆性岩石三轴加、卸荷应力路径下岩石微裂纹扩展机制研究也不够深入,多为整个岩石连续加、卸载破坏过程中的瞬态裂纹扩展机制研究,没有考虑长期荷载下脆性岩石时效破坏机制和强度的劣化损伤的时效性。这种时效性与岩石(体)的流变性质相关,然而与传统意义上的岩石流变性质又有所不同,主要表现为该行为滞后的时间较短,一般为数小时到数十小时,因此不能简单地直接采用传统的岩石载荷下长期流变力学理论来研究,需在理论和分析方法方面取得突破。

(1)高应力岩石强度变形的时间效应的试验研究还较为分散,时滞性单轴压缩试验成果很少见,低围压的时滞性压缩试验成果更少见,高围压三轴压缩和三轴卸荷时滞性试验成果几乎为零,围压对高应力岩石的时间滞后破坏还没有一个量化的结论。到目前为止尚未见到采用综合性试验手段研究高应力脆性岩石破坏的时滞性。

(2)在室内试验方法和微细观检测手段以及如何合理解释这些岩石变形、强度、破坏和能量等时效特征与规律的理论研究方面,仍有大量的工作需要进一步深化,迫切需要利用新的试验方法和新的检测手段从岩石宏观到微细观机理等多方面揭示高应力岩石变形破坏时间效应的机理,从而获得岩石材料与时间相关的破裂过程的破坏机制以及强度损失的机理,为建立符合高应力岩石材料强度的时间效应特性的演化规律奠定理论基础。

(3)目前针对岩石强度的时间效应的理论研究在研究方法和处理手段上很大程度借鉴传

统的流变研究,故需建立与高应力岩石时效特性相适应的强度变形时效性演化模型。该模型与流变的理论模型必须有所区别,且能够反映高应力岩石的时滞性破坏和岩石的长期强度等特征。目前反映不同应力路径的岩石强度的时效演化模型成果很少见。

(4)需要通过系统研究提出深埋脆性岩石(体)非线性加、卸荷过程中的时滞性破坏机制的分析方法,为深埋地下岩石工程设计、施工及运行安全提供新的分析和设计理论。

第三节 主要研究思路

根据拟定的研究内容,本书采用试验研究、理论分析和数值计算相结合的研究方法。本书总体技术路线如图1.2所示。

第四节 主要研究内容及创新点

一、主要研究内容

本书围绕"高应力作用下脆性岩石时滞性破坏特性"这一关键科学问题,以大理岩和灰岩两大典型脆性岩石为研究对象,采用试验研究、理论分析和数值模拟相结合的方法,开展不同应力状态、不同应力路径下的常规单轴压缩试验,时滞性单轴压缩试验,三轴加、卸载破坏试验,时滞性三轴压缩强度试验以及微细观测试等试验,研究高应力岩石的滞后破坏效应、高应力岩石的破坏驱动应力水平与劣化时间之间的关系以及高应力岩石的强度参数随损伤时间劣化的规律。在试验成果的基础上,综合考虑高应力和损伤时间两大因素的影响,选取合理的力学模型,对某水电站地下厂房洞室群围岩进行数值仿真分析、围岩支护分析,研究开挖过程中地下厂房围岩的应力场、位移场以及塑性区等的分布特征和演化规律,掌握地下厂房洞室群开挖过程中围岩的变形规律、变形量、可能的围岩失稳破坏模式及部位等围岩力学行为,为地下厂房的开挖支护设计改进、监测布置等提供依据。本书主要研究内容如下。

1. 高应力脆性岩石常规单轴压缩试验及时滞性单轴压缩试验研究

基于RMT岩石力学试验系统的高应力岩石在不同应力路径下常规单轴压缩变形试验和时滞性单轴压缩变形试验研究。选取代表性的高应力脆性岩石,结合锦屏水电站工程和滇中引水工程等深部工程,开展声波及单轴压缩变形试验。通过常规单轴压缩变形试验和时滞性单轴压缩变形试验研究,获取高应力岩石的应力强度随时间变化的关系和破坏驱动应力水平随时间变化的关系以及高应力岩石的压缩破坏模式。

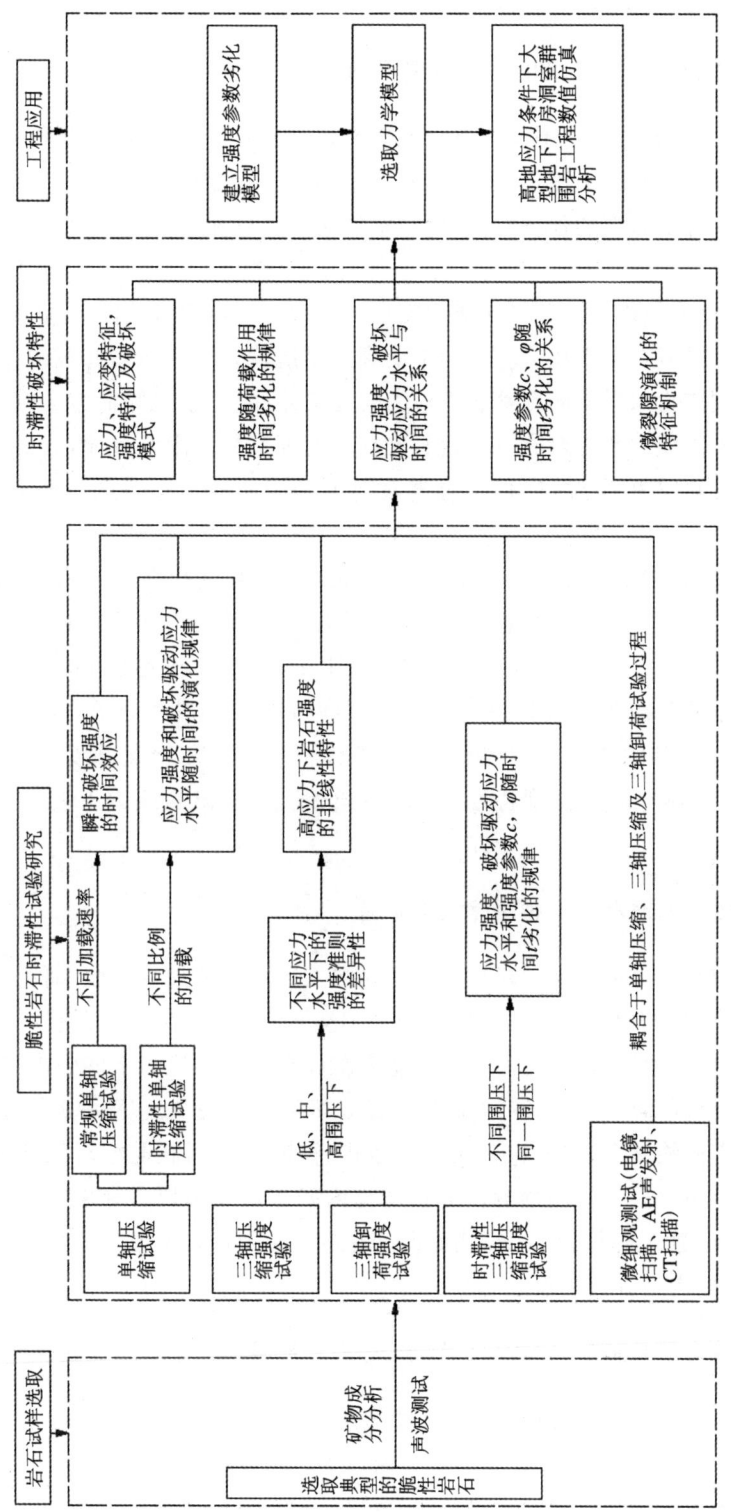

图 1.2 本书的研究思路与技术路线

2. 高应力脆性岩石三轴加、卸载破坏试验研究

(1)针对高地应力条件下地下洞室典型脆性围岩大理岩与灰岩试样,开展了基于MTS系统的不同应力状态(低围压、中围压、高围压)下的岩石三轴加载破坏试验,分析不同围压范围与不同应力路径条件下岩石的强度特征,探讨常规应力水平和高应力水平下岩石强度与变形特性的差异性。

(2)针对高地应力条件下地下洞室典型脆性围岩大理岩与灰岩试样,开展基于MTS系统的不同应力状态(低围压、中围压、高围压)下的高应力脆性岩石的三轴卸载破坏试验,得到了高应力条件下不同应力水平下的脆性岩石应力应变关系曲线,获取卸荷力学响应行为与变形破坏模式。研究不同应力状态对高应力岩石卸荷各特征参量的影响规律,分析不同高应力岩石变形破坏模式和破坏程度,探讨高应力岩石在各卸荷应力状态下的损伤破裂特征、变形特性。

(3)根据脆性岩石在不同应力水平下的三轴加载和卸载试验得知,岩石强度表现出显著的非线性特征,在围压范围很大的情况下,线性的强度准则无法准确描述岩石从低围压到高围压的强度变化规律。基于莫尔-库仑强度准则、Hoek-Brown准则和幂函数型准则等非线性强度准则,对岩石在低、中、高围压段下的强度特征进行拟合分析,并比较不同围压范围段的强度参数相互间的差异性,分析高应力条件下随着围压变化强度参数的变化规律,针对高应力条件下岩体变形、强度特性呈现出的非线性,得出高应力下岩石的本构关系及强度准则。

3. 高应力脆性岩石时滞性三轴压缩强度试验

通过不同应力状态及不同应力路径下岩石时滞性三轴压缩强度试验,研究高应力岩石在不同应力状态及不同应力路径下,其强度参数的时效演化特征,获取岩石破坏所需时间与破坏应力驱动水平(偏应力值/强度比值)关系,研究脆性岩石在高应力下的强度和变形规律,研究它们的强度和变形的时间效应,获取脆性岩石破坏所需时间与破坏应力驱动水平(偏应力值/强度比值)散点曲线关系,并将拟合曲线关系进行外延,从而获取相对较低破坏驱动应力水平下岩石破坏所需滞后时间的预测。分析研究内摩擦角和黏聚力等岩石强度参数随损伤的增加发生的规律,建立应力强度随损伤时间变化的关系及破坏驱动应力水平随损伤时间变化的关系,并建立与之相适应的理论模型。

4. 高应力脆性岩石单轴加、卸载和三轴加、卸载变形破坏微细观机理测试研究

开展不同应力水平及应力路径下加、卸载试验中微观破坏机制研究,通过各种微细观测试手段分析岩样宏观、微观破坏模式和形态。通过围岩试样加、卸载破裂断口电镜扫描试验,分析不同应力路径下岩石断口形貌与内部微裂纹扩展规律,从微细观角度揭示岩石宏观三轴破裂机制;采用X射线螺旋CT试验仪,对围岩试样不同断面进行CT扫描,基于CT图像三维重构技术,直观再现岩样破裂面的空间形态,研究不同应力路径下围岩试样的破裂模式。

通过开展岩石在加、卸载应力路径下破坏机理的微细观试验研究,分析不同应力路径下岩石破裂断口形貌、微裂纹扩展及断面CT扫描数规律,从微细观角度探讨了岩石宏观破裂模式;开展室内岩石相应路径下的单轴AE声发射试验和三轴AE声发射试验,分析相应路径下的AE声发射活动变化特征以及微观裂纹扩展与破坏机制,利用微裂纹孕育、扩展等过程的AE声发射活动监测结果,分析加、卸载应力路径下岩石微裂隙的演化特征和规律。

5. 高应力脆性岩石加荷条件下时滞特性破坏机制研究

在上述1~4四部分内容研究的基础上,获取岩石变形破坏特征、强度特征、强度参数、破坏驱动应力水平等参量随损伤时间的变化规律,建立岩石强度参数随时间劣化的关系曲线并对关系曲线用合适的函数进行拟合,建立合适的模型,该模型能合理地描述持续加载对岩石强度的劣化过程,分析损伤破裂演化特征,研究高应力岩石的强度参数演化规律,获取岩石时滞性破坏效应。

6. 高应力脆性岩石时滞性效应数值模拟的变形破坏机理分析

在上述研究的基础上,为反映围岩损伤区内岩体力学参数劣化特性,根据上文拟合出强度参数 φ 随时间变化的函数,考虑高应力岩石时滞性破坏特征,采用合理的力学模型和三维数值模拟方法,对深埋隧洞洞室群围岩开展数值仿真开挖分析,分析洞室群开挖过程中围岩的变形规律、变形量、可能的围岩失稳破坏模式及部位等围岩力学行为;分析隧洞开挖后围岩的卸荷力学响应行为与变形破坏模式,分析模拟不同深度、不同部位隧洞围岩在开挖过程中可能存在的几种典型应力路径和应力状态,实现针对引水隧洞深埋岩石洞段围岩变形与稳定性的时滞性非线性数值分析;采用数值模拟技术,对某水电站地下厂房洞室进行开挖仿真模拟,模拟开挖过程中地下厂房洞室围岩的应力场、位移场、塑性区的分布状态和演变规律,综合评价洞室稳定性,为地下厂房的开挖支护设计改进、监测布置等提供参考依据。

二、创新点

本书创新性成果主要包括以下几项。

(1)基于多种岩石力学试验,获得高应力脆性岩石时滞性破坏效应。综合运用多种岩石力学试验的手段和方法,揭示了高应力条件下脆性岩石强度的非线性特征,并用合适的非线性强度准则描述脆性岩石的非线性强度特征;基于试验成果获得在高应力条件下随着围压的变化,岩石的强度参数并不是一个恒定的常量;建立了高应力脆性岩石破坏所需时间与破坏驱动应力水平之间的关系,总结了高应力脆性岩石强度随荷载作用时间劣化的规律以及强度参数随时间劣化的规律;通过时滞性破坏试验研究,揭示了时滞性试验中劈裂破坏形成的机理。

(2)通过电镜扫描、CT扫描试验及AE声发射等多种微细观测试手段,研究、揭示了脆性岩石在不同应力水平及不同应力路径下加、卸载试验中微细观破坏机制,宏观微观破坏模式,加、卸载应力路径下脆性岩石微裂隙的扩张特征和微裂隙的演化规律。

(3) 结合高应力脆性岩石时滞性破坏效应,建立强度参数 φ 随时间劣化的关系并用合适的函数对该关系曲线进行拟合,改进高应力下脆性围岩劣化的力学模型,将此模型用于三维数值模拟,对高地应力条件下大型地下厂房洞室群围岩开展数值仿真开挖分析,揭示了洞室群开挖过程中围岩随时间变化的变形规律、可能的围岩失稳破坏模式及关键部位等围岩力学行为。

第二章　高应力脆性岩石时滞性单轴压缩试验研究

当前,随着我国国民经济的飞速发展,大型水利建设蓬勃开展,深大水电厂房开挖过程中经常会遇到岩爆现象。在洞室开挖初期,岩体完整,并未出现裂纹,但是随后会出现岩体裂纹并不断发展直至贯通,最终导致岩体破裂,产生岩爆。传统的矿山法岩体支护理论认为"要充分利用围岩的承载力",岩体有一定的承载力,可等应力调整到位后再进行支护,而且通常也不采用全长衬砌,而是采用局部衬砌支护方案。这一理论严重违背岩体时滞性特性,在不及时采取支护的情况下,岩体裂纹会迅速发展,最终导致岩体破坏,对水电工程建设造成严重危害,因此岩体时滞性研究显得尤为必要,对其机理的揭示有助于围岩支护时机的选择,节省工程造价,提高工程的安全性。虽然国内外学者已经认识到岩石时滞性的重要性,但理论研究并未取得重大突破,需针对性地深化研究,为深埋地下岩体工程设计提供理论支撑。

岩石的时滞性实际上就是在特定的荷载条件下岩石中的微细观裂隙随时间推移而不断增长、岩石强度不断衰减的过程。深埋洞室开挖过程中,微裂隙不断发展,二次应力使短期裂隙演变成长期裂隙,这两类裂隙导致洞室周围损伤区不断扩展。

针对岩石的滞后破坏效应问题,笔者开展了岩石常规单轴压缩试验和时滞性单轴压缩试验,研究了时滞性单轴压缩试验中岩石的应力应变特征、强度随时间降低的关系、驱动应力水平与时间对数的关系、岩石宏观破坏特征以及劈裂破坏形成的机理。

第一节　典型岩石试样的选取

本节选取锦屏水电站的大理岩和灰岩这两种典型的脆性岩石作为试样(图 2.1)。

一、岩石的矿物成分

笔者对选作试样的大理岩和灰岩进行了岩石镜鉴分析,其依据为《岩石分类和命名方案　火成岩岩石分类和命名方案》(GB/T 17412.1—1998)、《岩石分类和命名方案　沉积岩岩石分类和命名方案》(GB/T 17412.2—1998)、《岩石分类和命名方案　变质岩岩石的分类和命名方案》(GB/T 17412.3—1998),检测设备为透射-反射光学显微镜 Olympus BX51。检测环境参数:检验温度22℃、检验湿度52%。由表 2.1 可知,大理岩的岩样结构构造主要为细—中粒粒状变晶结构,岩石鉴定名称主要为细—中晶大理岩。灰岩的岩样结构构造主要为细晶结构,存在弱板理化构造,岩石鉴定名称为板理化粉晶—细晶白云岩。

(a)试验前的大理岩

(b)试验前的灰岩

图 2.1　大理岩和灰岩试样

表 2.1　典型大理岩与灰岩试样薄片鉴定成果表

序号	野外定名	岩样编号	岩石样品结构构造	岩石鉴定名称
1	灰岩	8#	含泥的粉—细晶结构	含碳泥质含钙的粉晶—细晶白云岩
2	灰岩	40#	含泥的细晶结构,弱板理化构造	弱板理化含泥含燧石含钙的细晶白云岩
3	灰岩	41#	细晶结构,弱板理化构造	含燧石的细晶白云岩
4	灰岩	34#	粉晶—细晶结构,板理化构造	板理化含方解石粉—细晶白云岩
5	大理岩	4#	细—中粒粒状变晶结构	细—中晶大理岩
6	大理岩	12#	含细砂屑的细粒粒状变晶结构	片理化含细砂屑及碳屑的细晶大理岩
7	大理岩	20#	细—中粒粒状变晶结构	细—中晶大理岩
8	大理岩	43#	细晶结构及细—中粒粒状变晶结构,变余近水平细层状构造	含云细晶灰岩与细—中晶大理岩接触

笔者对选作试样的大理岩和灰岩进行了岩石矿物成分分析,检测依据粉末衍射标准联合委员会(JCPDS)卡片,检测设备为荷兰帕纳科公司 X 射线分析仪(X′pert MPD Pro)。由表 2.2 可知,灰岩的矿物成分中白云石含量很高,在 80%～90%之间,同时还含有方解石、长石、伊利石、石英等矿物。大理岩的矿物成分中方解石含量最高,在 72%～98%之间,同时还含有绿泥石、长石、伊利石、石英等矿物。

表 2.2　典型大理岩与灰岩试样矿物成分分析成果表　　单位:%

序号	试样编号	野外定名	绿泥石	伊利石	石英	长石	方解石	白云石
1	8#	灰岩		7	3	2	3	85
2	40#	灰岩	3	5		2		90
3	41#	灰岩		3	3	2	2	90
4	34#	灰岩		5	2	3	10	80
5	4#	大理岩		4	2		92	2
6	12#	大理岩	5	15	5	3	72	
7	20#	大理岩		2			98	
8	43#	大理岩			3	2	90	5

根据镜鉴和矿物成分分析成果,选取的大理岩和灰岩均为脆性岩石。

二、岩石波速

运用 ZBL-US20/520 声波检测分析仪对选作试样的大理岩和灰岩进行了波速测试,该声波检测分析仪如图 2.2 所示,岩块声波特性如表 2.3 所示,根据岩块的声波特性均匀选取试样。

图 2.2　ZBL-US20/520 声波检测分析仪

1. 声波测试方法

岩块声波测试采用脉冲超声直达波对穿法,试样尺寸采用 Φ50mm×100mm 的标准圆柱体,每组试样 3~6 块。岩块纵波速度和横波速度按下列公式计算:

$$V_p = \frac{L}{t_p - t_0} \tag{2.1}$$

$$V_s = \frac{L}{t_s - t_0} \tag{2.2}$$

式中：V_p 为纵波速度，m/s；V_s 为横波速度，m/s；L 为发射与接收换能器中心点间的距离，m；t_p 为纵波在试样中的传播时间，s；t_s 为横波在试样中的传播时间，s；t_0 为仪器系统的零延时，s。

岩块动弹性参数按下列公式计算：

$$E_d = 2\rho V_s^2 (1+\mu) \times 10^{-3} \tag{2.3}$$

$$\mu = \frac{\left(\dfrac{V_p}{V_s}\right)^2 - 2}{2\left[\left(\dfrac{V_p}{V_s}\right)^2 - 1\right]} \tag{2.4}$$

$$G_d = \rho V_s^2 \times 10^{-3} \tag{2.5}$$

式中：E_d 为动弹性模量，MPa；μ 为动泊松比；G_d 为动剪切模量，MPa；ρ 为块体密度，g/cm³。

2. 岩石声波特性

对选取的大理岩和灰岩进行了岩块的声波特性研究，其纵波波速成果如表 2.3 所示，大理岩纵波波速在 4053～4973m/s 之间，灰岩的纵波波速在 3923～4962m/s 之间，根据大理岩和灰岩的声波特性，两者均属脆性岩石。

表 2.3 岩块声波特性表

岩性	编号	波速(m/s)	岩性	编号	波速(m/s)
大理岩	148#	4081	灰岩	20#	4105
	157#	4070		30#	4049
	209#	4086		52#	4092
	236#	4282		59#	4031
	160#	4382		86#	4451
	161#	4368		73#	4456
	167#	4373		101#	4580
	197#	4214		124#	4490
	198#	4361		135#	4255
	211#	4321		142#	4475
	190#	4301		70#	4132
	220#	4156		66#	4226
	154#	4594		71#	4181
	172#	4647		8#	4036
	164#	4053		19#	4088
	176#	4095		65#	4001
	199#	4112		72#	4118
	200#	4159		98#	4176

续表 2.3

岩性	编号	波速(m/s)	岩性	编号	波速(m/s)
大理岩	201#	4510	灰岩	27#	4562
	253#	4315		95#	4540
	257#	4179		29#	4605
	991#	4112		10#	3935
	246#	4438		58#	3861
	173#	4595		55#	3923
	174#	4635		50#	3861
	225#	4461		35#	4067
	226#	4755		45#	3988
	234#	4549		34#	4500
	274#	4651		93#	4962
	216#	4973		108#	4886
	192#	4926		90#	4918
	221#	4139			
	180#	4677			
	166#	4797			
	273#	4873			
	159#	4622			
	193#	4600			
	189#	4643			
	182#	4247			
	162#	4452			
	571#	4370			
	177#	4418			
	181#	4515			
	271#	4597			
	185#	4575			
	263#	4114			

第二节 岩石常规单轴压缩试验研究

笔者对选取的代表性脆性岩石大理岩和灰岩进行单轴压缩试验。

一、试验设备

单轴压缩试验主要采用 RMT-401 岩石力学试验系统(图 2.3)。试样尺寸采用 $\Phi 50mm \times 100mm$ 的圆柱体,在 RMT-401 岩石力学试验系统上进行,根据需要选取应力控制或位移控制,施加轴向荷载直至试样破坏。

图 2.3 RMT-401 岩石力学试验系统

二、试验方法

笔者对选取的代表性脆性岩石进行基于 RMT 系统的不同应力路径和不同加、卸荷速率下的单轴抗压试验。设定不同的应力路径,分为轴压恒定和轴压非恒定两种。其中轴压恒定时对应不同的加载速率;轴压非恒定时,加载路径为连续加载或循环加、卸载,直至岩石压缩破坏。

(1)连续加载至破坏:设置多种加载速率。

(2)循环荷载至破坏(疲劳破坏试验):轴压通过循环加、卸载的方式施加,同时设定多种加载速率。

三、灰岩和大理岩单轴压缩常规试验成果分析

1. 强度(应力峰值)特征

笔者对选取的代表性高应力岩石进行基于 RMT 系统的不同应力路径和不同加、卸荷速率下的常规单轴抗压试验,此试验获得的强度为瞬时破坏单轴抗压强度。设定不同的应力路径,分连续加载和循环加、卸载两种。其中连续加载下对应不同的加载速率,直至岩石压缩瞬时破坏。表 2.4 为大理岩和灰岩连续加载下发生瞬时破坏的单轴抗压强度,表 2.5 为大理岩和灰岩循环加载下发生瞬时破坏的单轴抗压强度。

(1)应力路径为连续加载。大理岩连续加载至峰值,持续若干时间后至破坏,此时为位移控制。大理岩加载速率分别设置为 0.005mm/s 和 0.01mm/s 两种情况。当加载速率为 0.005mm/s 时,获得大理岩单轴抗压强度的峰值为 73.1~166MPa;当加载速率为 0.01mm/s 时,获得大理岩单轴抗压强度的峰值为 80.4~188MPa。两种速率下单轴抗压强度的平均值为 109MPa,均持续数秒后至破坏。灰岩连续加载至峰值,持续若干时间后至破坏,灰岩加载速率分别设置为 0.005mm/s 和 0.01mm/s 两种情况。当加载速率为 0.005mm/s 时,获得灰岩单轴抗压强度的峰值为 61.7~126MPa;当加载速率为 0.01mm/s 时,获得灰岩单轴抗压强度的峰值为 78.6~129MPa。两种速率下单轴抗压强度的平均值为 94.7MPa,均持续数秒后至破坏。

表 2.4 大理岩和灰岩连续加载下发生瞬时破坏的单轴抗压强度(应力路径为连续加载)　　单位:MPa

岩性	编号	单轴抗压强度	平均值
大理岩	148	73.1	109
	157	80.4	
	209	125	
	236	52.3	
	160	82.2	
	161	188	
	167	166	
	197	69.8	
	198	114	
	211	143	
灰岩	20	78.6	94.7
	30	126	
	52	92.7	
	59	61.7	
	86	101	
	73	99.4	
	101	92.4	
	124	92.3	
	135	129	
	142	74.1	

表2.5 大理岩和灰岩循环荷载下发生瞬时破坏的单轴抗压强度(应力路径为循环加载)

单位：MPa

岩性	编号	单轴抗压强度	平均值
大理岩	190	82.7	101
	220	140	
	154	55.2	
	172	129	
灰岩	70	91.5	72.0
	66	63.4	
	71	61.2	

(2)应力路径为循环加载(循环加、卸载)。大理岩循环加载至峰值,持续数秒后至破坏。大理岩加载速率分别设置为0.005mm/s和0.01mm/s两种情况。当加载速率为0.005mm/s时,获得大理岩单轴抗压强度的峰值为55.2~82.7MPa;当加载速率为0.01mm/s时,获得大理岩单轴抗压强度的峰值129~140MPa。两种速率下单轴抗压强度的平均值为101MPa,均持续数秒后至破坏。灰岩循环加载至峰值,持续数秒后至破坏,灰岩加载速率分别设置为0.005mm/s和0.01mm/s。当加载速率为0.005mm/s时,获得灰岩单轴抗压强度的峰值为61.2~63.4MPa;当加载速率为0.01mm/s时,获得灰岩单轴抗压强度的峰值约为91.5MPa。两种速率下单轴抗压强度的平均值为72.0MPa,均持续数秒后至破坏。

2. 灰岩和大理岩单轴压缩常规破坏特征分析

(1)应力应变特征。图2.4为大理岩和灰岩连续加载下发生单轴瞬时破坏下典型的全应力应变曲线。图2.5为大理岩和灰岩循环加载下发生单轴瞬时破坏下典型的全应力应变曲线。根据岩石常规单轴压缩试验的应力应变曲线,岩石通常呈现出瞬时脆性破坏的特征,在达到峰值后应力会迅速下降。在一个特殊点上岩样的轴向应变会大于岩样的环向应变,这个特殊点就是应力峰值点,见图2.6和表2.6。岩石在应力峰值点处产生裂纹,该裂纹会快速发展,一般在数秒内岩样就会发生宏观破坏,发生破坏的时间是指岩样从应力峰值点直至完全破坏所经历的时间。不同的应力路径对岩石的应力峰值有很大影响,如表2.4和表2.5所示。应力路径为连续加载时的应力峰值高于应力路径为循环加载时的应力峰值,这表明循环加载的应力路径弱化了岩石的单轴抗压强度。

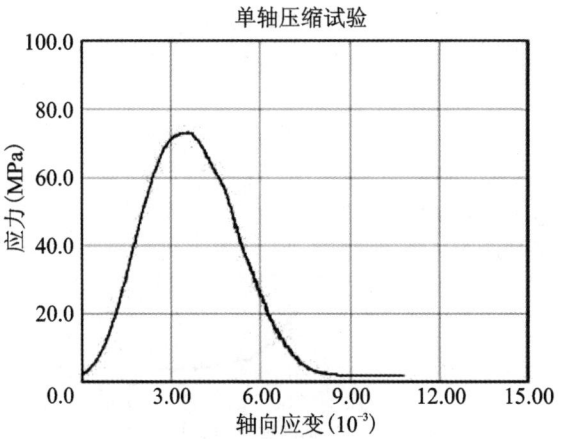

(a)148 大理岩瞬间破坏加载速率 0.005mm/s

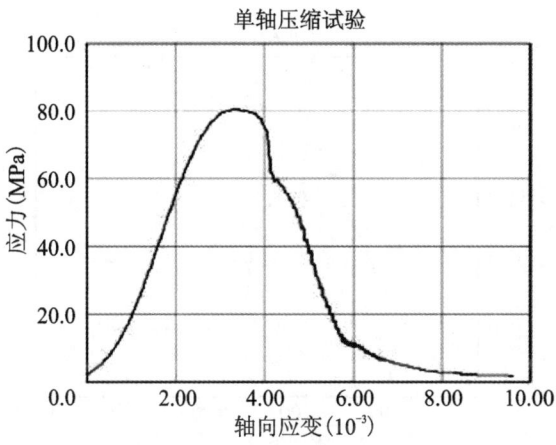

(b)157 大理岩瞬间破坏加载速率 0.01mm/s

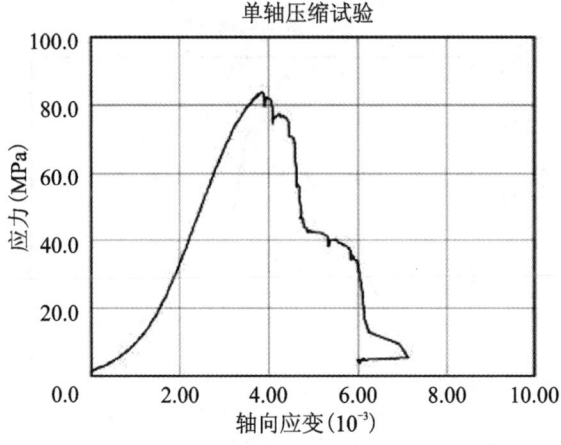

(c)209 大理岩瞬间破坏加载速率 0.005mm/s

图 2.4 大理岩和灰岩连续加载下发生单轴瞬时破坏下典型的全应力应变曲线

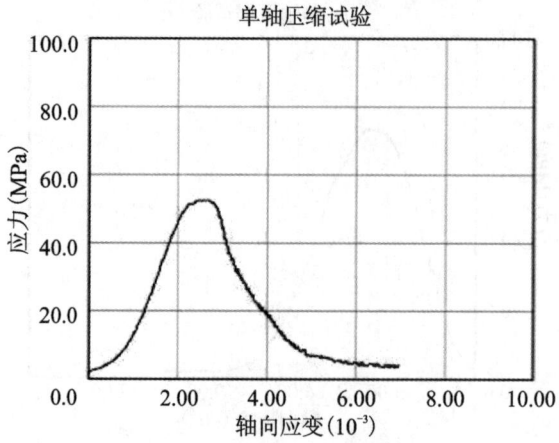

(d) 236大理岩瞬间破坏加载速率0.01mm/s

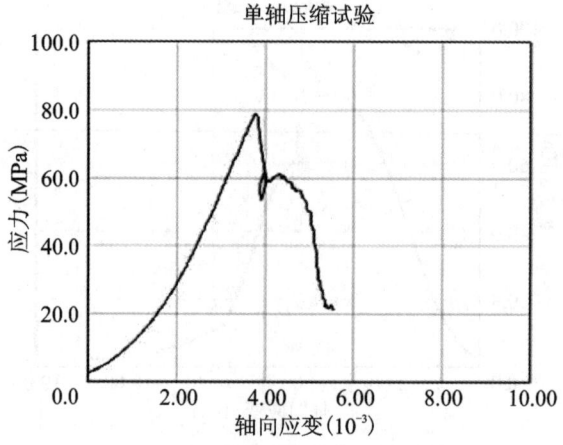

(e) 20灰岩瞬间破坏加载速率0.005mm/s

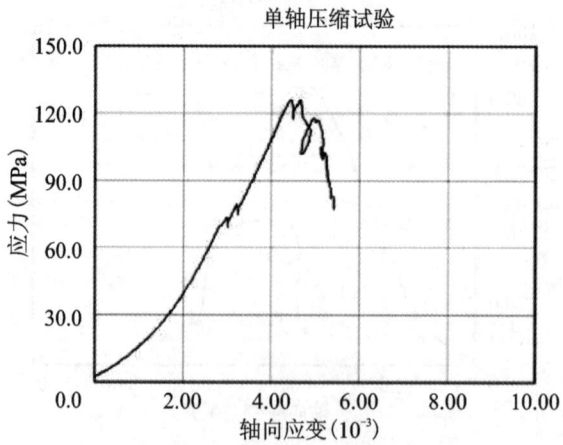

(f) 30灰岩瞬间破坏加载速率0.01mm/s

续图2.4

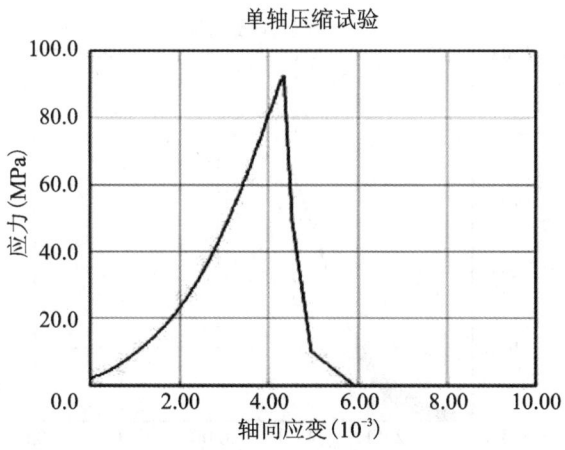

(g)52 灰岩瞬间破坏加载速率 0.005mm/s

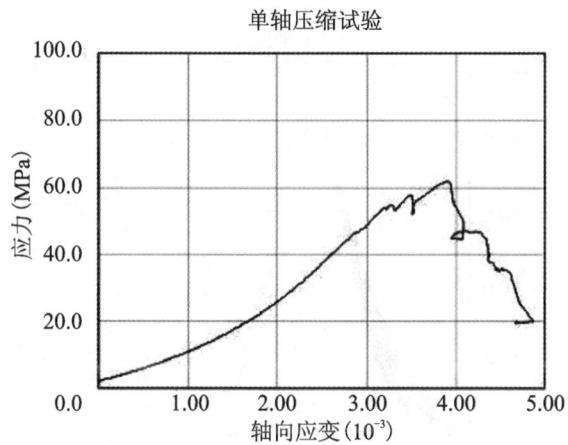

(h)59 灰岩瞬间破坏加载速率 0.01mm/s

续图 2.4

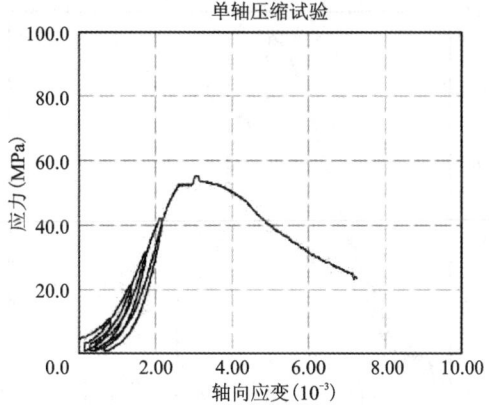

(a)154 大理岩瞬间破坏(加载速率 0.005mm/s)

图 2.5　大理岩和灰岩循环加载下发生单轴瞬时破坏下典型的全应力应变曲线

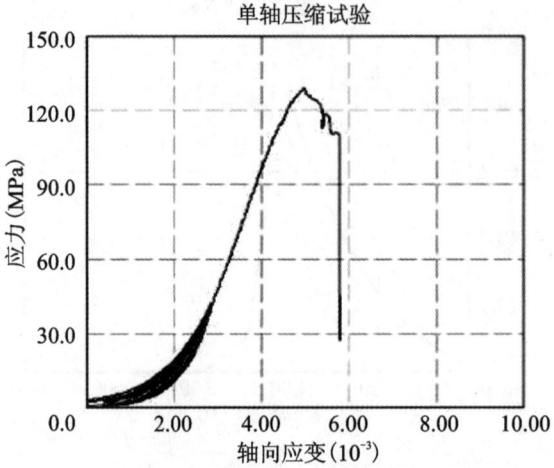

(b)172 大理岩瞬间破坏(加载速率 0.005mm/s)

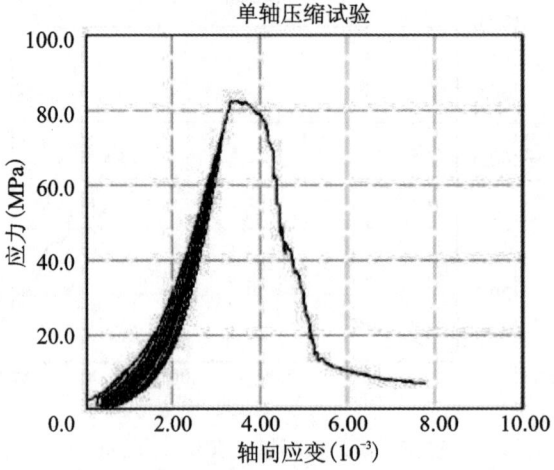

(c)190 大理岩瞬间破坏(加载速率 0.01mm/s)

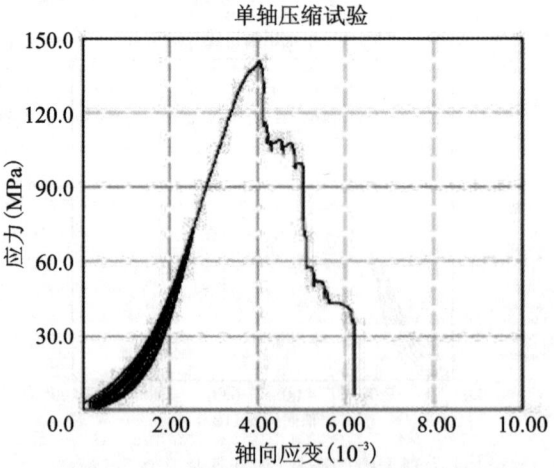

(d)220 大理岩瞬间破坏(加载速率 0.01mm/s)

续图 2.5

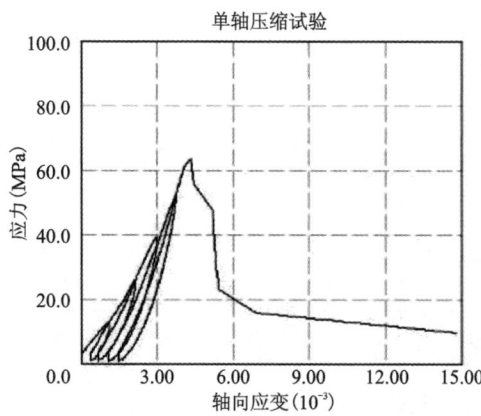
(e)66 灰岩瞬间破坏加载速率 0.005mm/s

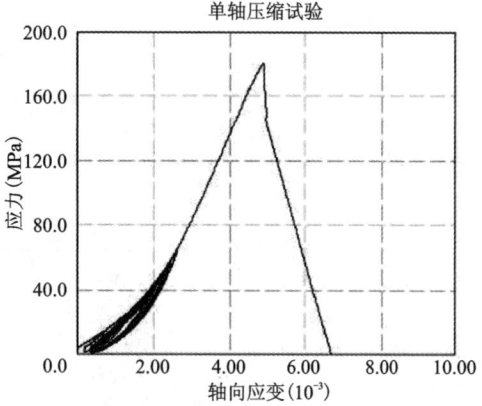
(f)67 灰岩瞬间破坏加载速率 0.005mm/s

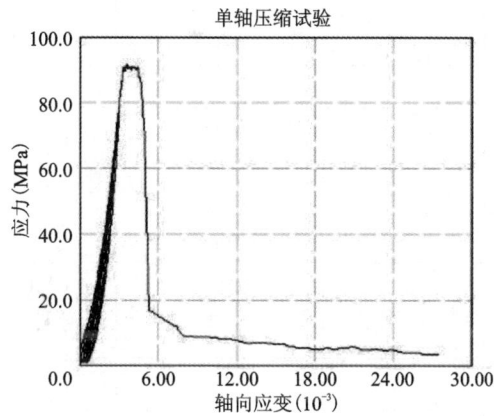
(g)70 灰岩瞬间破坏加载速率 0.01mm/s

续图 2.5

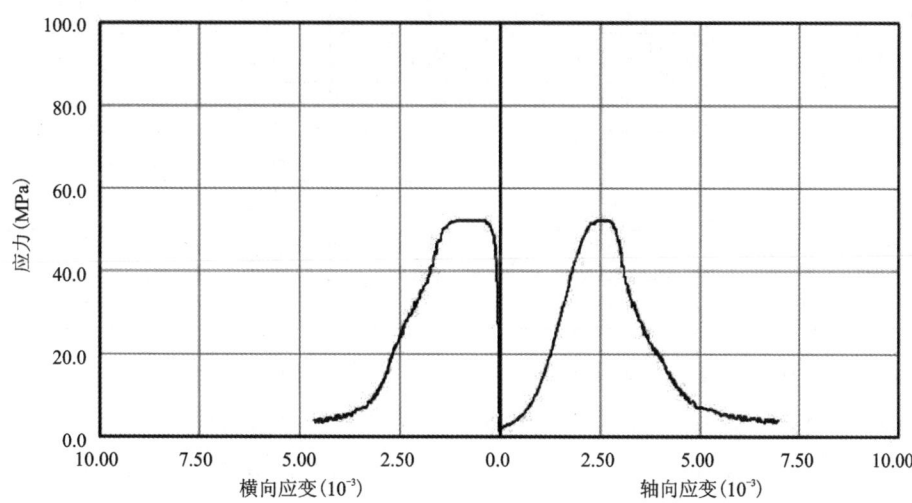
图 2.6 大理岩典型的应力-轴向应变-横向应变曲线（连续加载）

表 2.6　岩石应力峰值点处岩样的轴向应变与环向应变值(单轴常规压缩性试验)

岩性	应力路径	编号	最大应力(MPa)	轴向应变	环向应变
大理岩	连续加载	148	73.1	0.003 62	−0.003 59
		157	80.4	0.003 37	−0.002 91
		209	125	0.003 89	−0.003 03
		236	52.3	0.002 65	−0.000 87
		160	82.2	0.003 06	−0.001 39
		161	188	0.003 38	−0.001 901
		167	166	0.003 91	−0.001 31
		197	69.8	0.002 94	−0.001 99
		198	114	0.003 37	−0.001 859
		211	143	0.003 98	−0.001 58
	循环加载	190	82.7	0.003 48	−0.000 467
		220	140	0.004 04	−0.003 27
		154	55.2	0.003 10	−0.002 19
		172	129	0.004 99	−0.002 86
灰岩	连续加载	20	78.6	0.003 66	−0.003 61
		30	126	0.005 01	−0.003 02
		52	92.7	0.003 74	−0.002 21
		59	61.7	0.003 34	−0.001 53
		86	101	0.003 97	−0.007 35
		73	99.4	0.003 75	−0.002 64
		101	92.4	0.002 98	−0.002 62
		124	92.3	0.002 94	−0.002 58
		135	129	0.004 99	−0.002 96
		142	74.1	0.003 51	−0.002 49
	循环加载	70	91.5	0.003 68	−0.003 17
		66	63.4	0.002 57	−0.001 98
		71	61.2	0.002 37	−0.001 87

(2)宏观破坏特征。在岩石常规单轴压缩试验中,岩样均持续数秒后发生瞬时破坏,破坏形式一般为剪切破坏,因为岩样的破坏表现为明显的剪切破裂面,并且剪切破裂面一般与轴向成一定的角度(大多数为 45°),剪切破裂面或沿着弱面或整体破坏,且其破坏模式与应力路径有关。当应力路径为连续加载时,如图 2.7(a)所示,岩样破坏一般不会产生碎屑或是产生

的碎屑较少，岩样通常直接破裂成数块；当应力路径为循环加载时，如图2.7(b)所示，岩样不仅破裂成数块，而且岩样破坏产生的碎屑多于应力路径为连续加载岩样破坏时产生的碎屑。

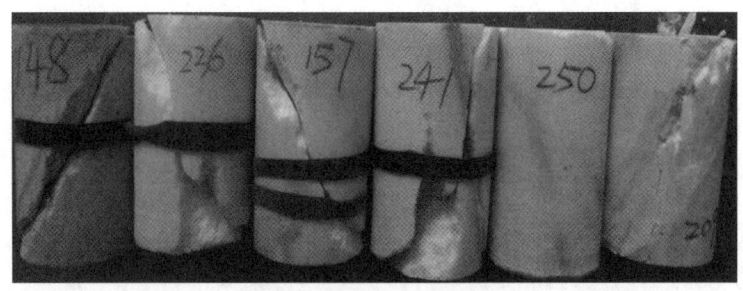

(a)应力路径为连续加载

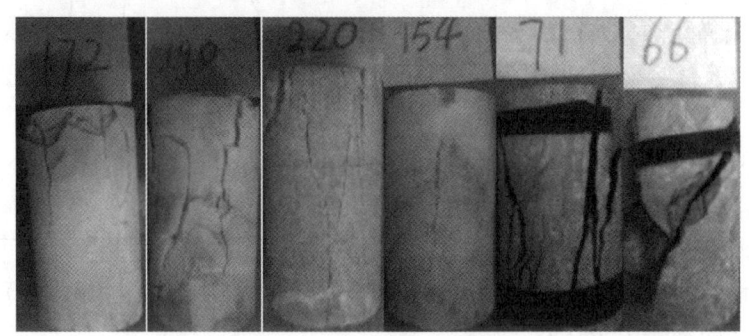

(b)应力路径为循环加载

图2.7　大理岩和灰岩常规单轴压缩试验破坏模式和形态

四、常规单轴压缩试验中的时效性

在常规单轴压缩试验中，通过改变加载速率来研究岩石的破坏与时间的关系。由常规单轴压缩试验成果可知：当加载速率为0.005mm/s时，获得大理岩单轴抗压强度的峰值为73.1～166MPa；当加载速率为0.01mm/s时，获得大理岩单轴抗压强度的峰值为80.4～188MPa；当加载速率为0.005mm/s时，获得灰岩单轴抗压强度的峰值为61.7～126MPa；当加载速率为0.01mm/s时，获得灰岩单轴抗压强度的峰值为78.6～129MPa。大理岩和灰岩的单轴压缩试验成果均表明其单轴抗压强度随着加载速率的增大而增大，即其强度与加载时间的长短有关，故常规单轴压缩试验成果表明岩石强度具有明显的时间效应。

第三节　高应力岩石时滞性单轴压缩试验研究

笔者对选取的代表性脆性岩石进行基于RMT-401岩石力学试验系统的不同应力路径和不同加、卸荷速率下的时滞性单轴压缩试验。

本书将时滞性试验中加载值的大小称为加载比例值。为了研究岩石的单轴时滞特性，根据大理岩和灰岩单轴压缩试验获得的瞬时破坏单轴抗压强度，时滞性试验中设定加载值的大小为多种比例的瞬时破坏的强度峰值。通过大量的岩石单轴试验成果可知，时滞性单轴压缩试验中加载的比例值宜为 60%～85% 的瞬时强度峰值。该区间的加载比例值可以较精确地确定时滞性单轴试验的加载大小,从而获取岩石破坏的滞后效应。

一、试验设备

单轴压缩试验的主要设备为 RMT-401 岩石力学试验系统(图 2.3)。

二、试验方法

笔者对选取的代表性脆性岩石进行基于 RMT 系统的不同应力路径下的单轴压缩试验。恒定轴压,加载路径为连续加载或循环加、卸载,加载方式为应力控制,岩石在恒定轴压下持续若干时间后至破坏,在不同加载值下,岩石的变形稳定增长时间从数秒到数天不等,其加载曲线如图 2.8 所示,其中 σ_f 为瞬时破坏的强度峰值,σ_1 为施加的轴向应力。

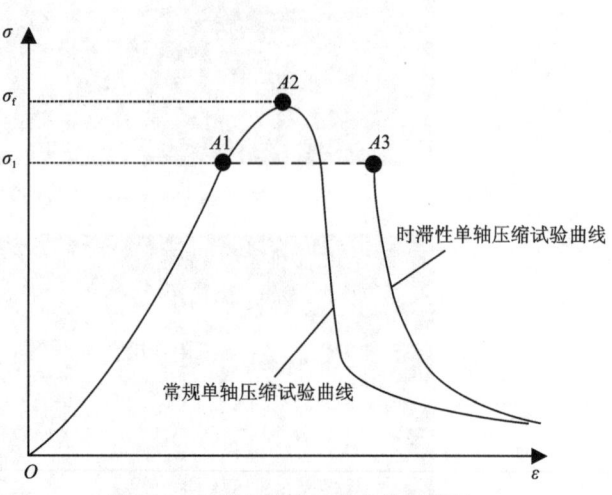

图 2.8 时滞性试验加载曲线示意图

(1)连续加载至峰值前的某一个值(加载值的大小为多种比例的瞬时强度峰值),然后恒定轴压,持续若干时间后至破坏。

(2)循环荷载至峰值前的某一个值(加载值的大小为多种比例的瞬时强度峰值),轴压通过循环加、卸载的方式施加,然后恒定轴压,持续若干时间后至破坏。

三、时滞性单轴压缩试验中岩石的应力应变特征

在时滞性单轴压缩试验中,分连续施加和循环加、卸载的方式施加荷载,研究岩石在不同比例值的荷载(取若干多种比例的瞬时强度峰值)作用下岩石的应力应变关系。下面分连续加载下的应力应变特征和循环荷载下的应力应变特征进行分述。

1. 连续加载下的应力应变特征

连续加载即直接将轴压加到某一比值,然后恒定轴压,直至试样发生破坏。

由图 2.9 可见大理岩时滞性单轴压缩试验中不同荷载作用下的应力应变全过程曲线,其中施加的荷载大小分别为 50%、55%、60%、70%、80%、85%、90%、95% 的瞬时强度峰值,共分 8 种不同比例的荷载作用施加。由分析试验结果可知,连续加载作用下,加载值为 50%～85% 的瞬时强度峰值可以较好地获取岩石的滞后破坏特性。时滞性试验的应力应变曲线中存在一段"平稳的变形增长段",如图 2.9 所示,即在应力不变的条件下,岩样的轴向应变、横向应变和体积应变都在不断稳定增大,且其横向应变和体积应变比轴向应变发展得更快,如图 2.10 所示。

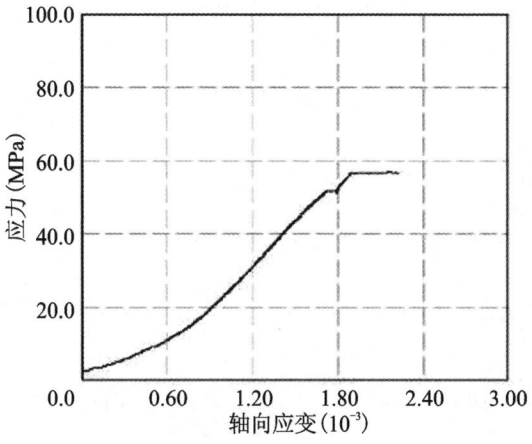

(a) 257 大理岩加载到 50% 的应力峰值

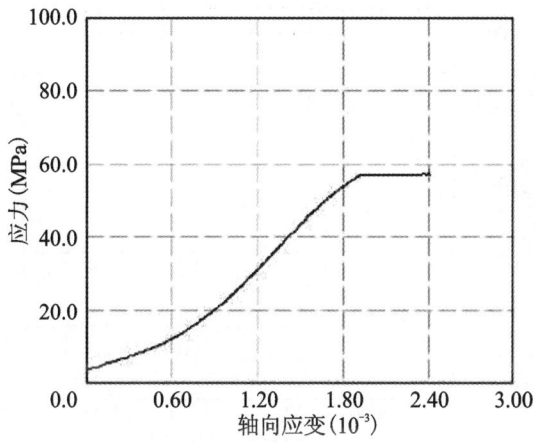

(b) 253 大理岩加载到 55% 的应力峰值

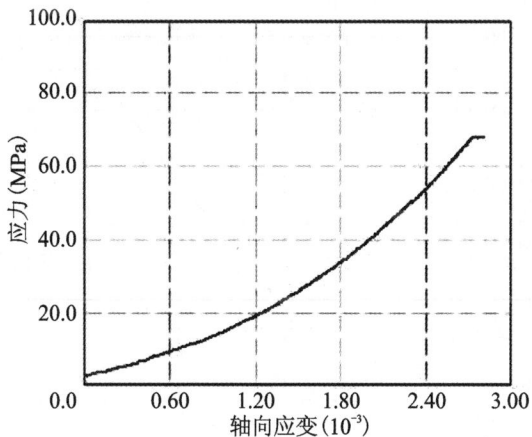

(c) 164 大理岩加载到 60% 的应力峰值

图 2.9 大理岩和灰岩时滞性单轴压缩试验应力
应变全过程曲线（连续加载）

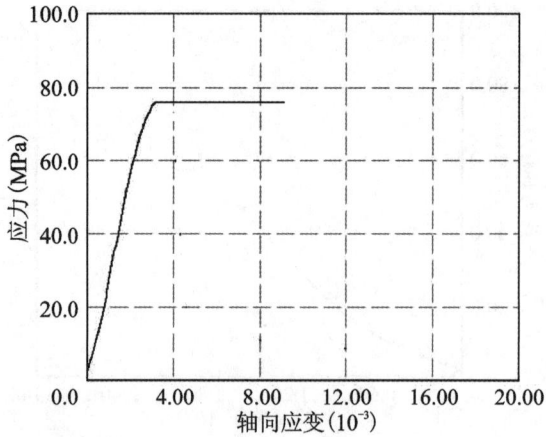

(d) 201 大理岩加载到 70% 的应力峰值

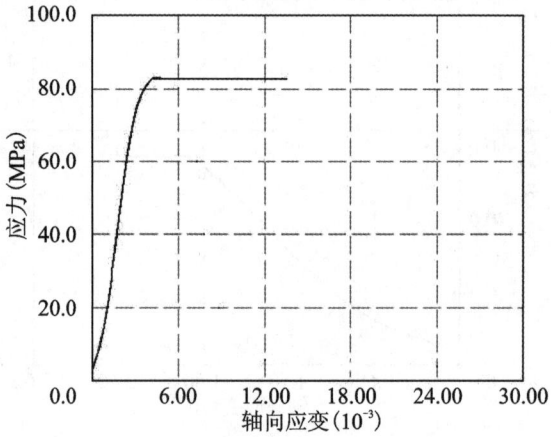

(e) 200 大理岩加载到 80% 的应力峰值

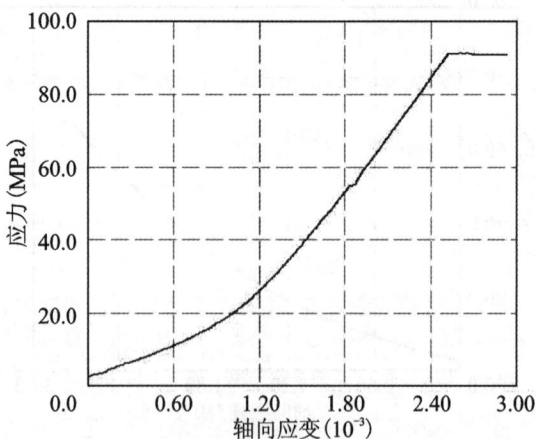

(f) 199 大理岩加载到 85% 的应力峰值

续图 2.9

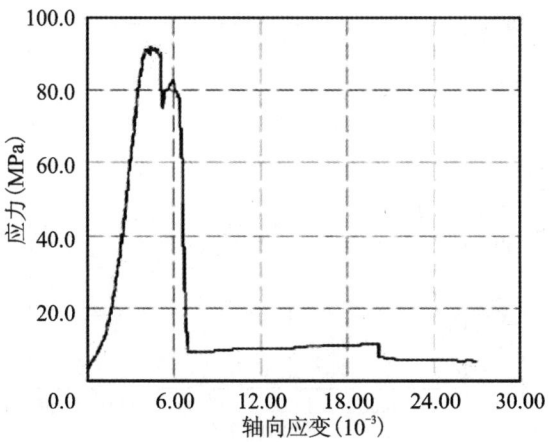

(g)176 大理岩加载到 90％的应力峰值

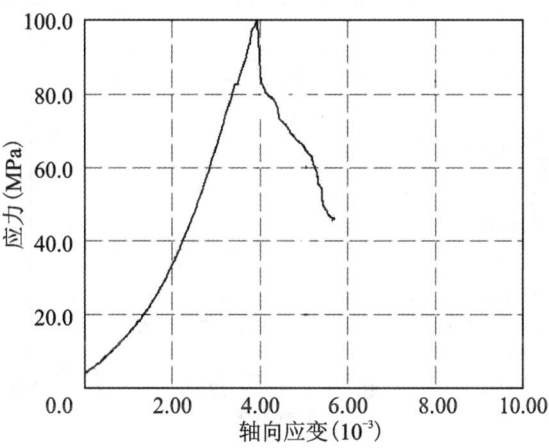

(h)991 大理岩加载到 95％的应力峰值

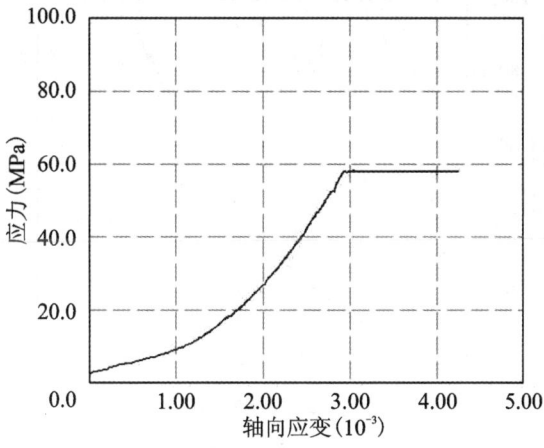

(i)8 灰岩加载到 60％的应力峰值

续图 2.9

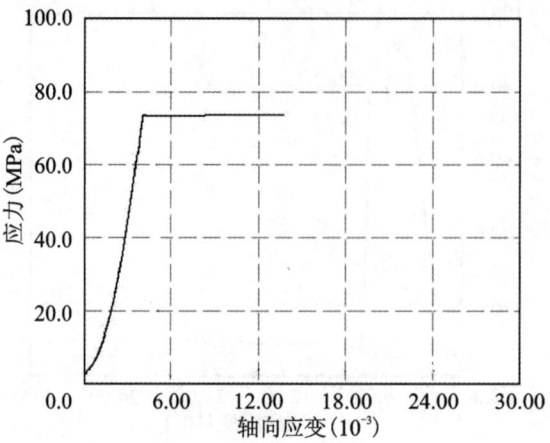

(j)19灰理岩加载到70%的应力峰值

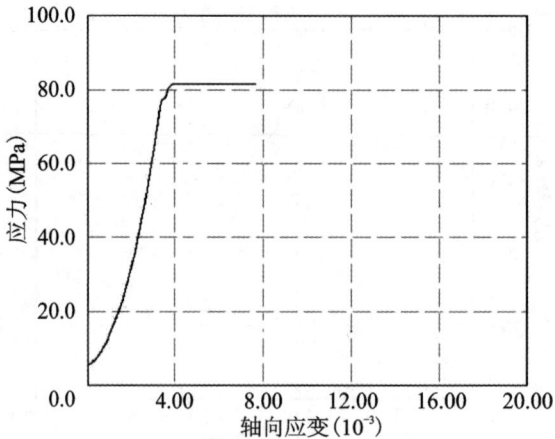

(k)72灰岩加载到85%的应力峰值

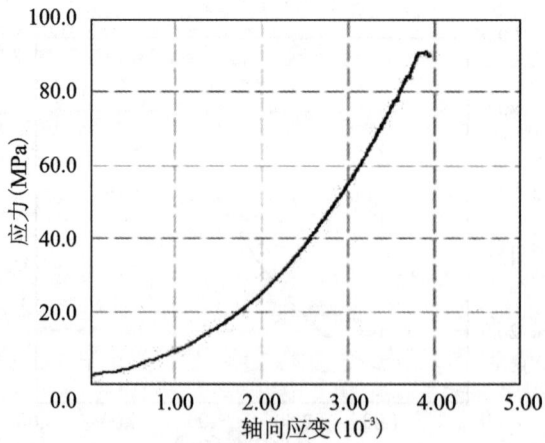

(l)98灰岩加载到90%的应力峰值

续图2.9

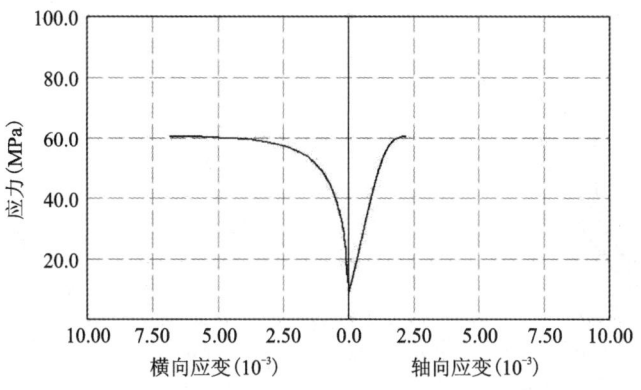

(a)应力轴向应变-横向应变曲线

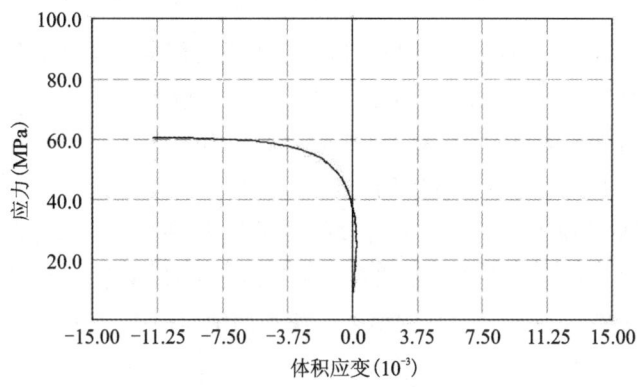

(b)应力体积应变曲线

图 2.10 大理岩典型的应力-轴向应变-横向应变-体积应变曲线图(连续加载)

2. 循环荷载下的应力应变特征

循环荷载即通过循环加、卸载的方式将轴压增加到某一比值,然后恒定轴压,直至试样发生破坏。

循环加、卸载作用下,大理岩的加载比值宜为瞬时强度峰值 40%～65%,图 2.11 为大理岩时滞性单轴压缩试验全应力应变曲线,该应力应变曲线中也存在一段"平稳的变形增长段",就是保持应力不变,岩样的轴向应变、侧向应变以及体积应变都会不断稳定增大;循环加、卸载作用下的应力应变规律同连续加载作用下发生的规律一致,就是保持应力不变,岩样的轴向应变、侧向应变以及体积应变都会不断稳定增大,且其侧向应变和体积应变比轴向应变发展得更快;循环加载路径下的岩石强度低于连续加载路径下的岩石强度,循环加、卸载下的应力路径对岩石的损伤大于连续加载下对岩石的损伤作用。

四、时滞性单轴压缩试验中应力强度随时间变化的规律

Schmidtke 和 Lajtai 以花岗岩和火成岩为分析对象,分析了其长期的力学行为,并将其与 AECL 核废料储存环境进行了对比。在长期加载过程中,花岗岩和火成岩的强度能够降低到

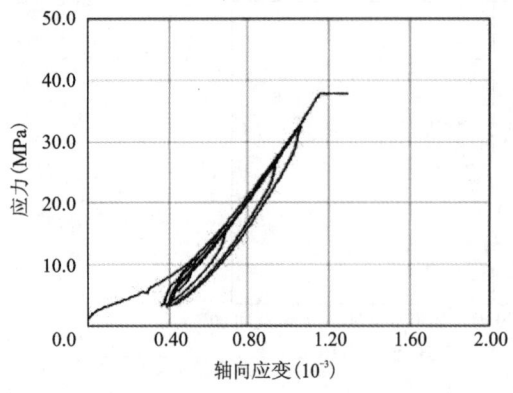
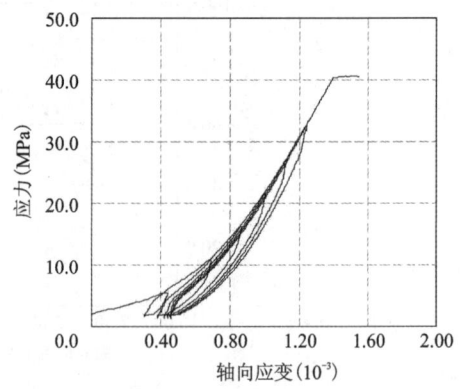

(a) 246大理岩循环加载到40%的应力峰值　　(b) 424大理岩循环加载到45%的应力峰值

图2.11　大理岩时滞性单轴压缩试验全应力应变曲线（加载应力为不同的比例值）

60%的瞬时强度，持续的时间从数秒到17d，试验结果说明储藏核废料会受到时间和深埋环境下高地应力的影响，破坏的时间依赖于施加荷载的大小。笔者针对大理岩和灰岩破裂扩展的时间效应开展了时滞性破坏试验，由表2.7得到岩石应力强度在荷载作用下随时间劣化的规律。为了研究脆性岩石的应力强度随时间变化的规律，分别作出了应力强度与时间的关系曲线（图2.12）和破坏驱动应力水平与时间对数的关系曲线（图2.13），由此获得脆性岩石破坏所需时间与破坏应力驱动水平散点曲线关系。时间破坏曲线纵坐标为破坏时间 t_f 的对数，而横坐标为驱动应力水平（$\sigma/\sigma_c = \sigma_1/\sigma_f$），其中 σ_1 为施加的轴向应力，σ_f 为常规单轴压缩试验中测得的应力峰值。

表2.7　不同历时对岩石强度的影响

历时(h)	3	5	7	10	12.5	17.5	25	27
应力强度(MPa)	87	79.8	76.8	74.4	73.2	72.0	70.2	68.1

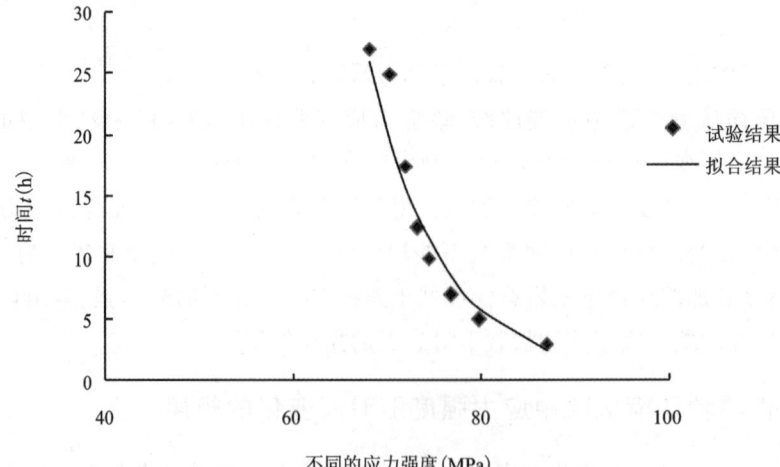

图2.12　应力强度与时间的关系曲线

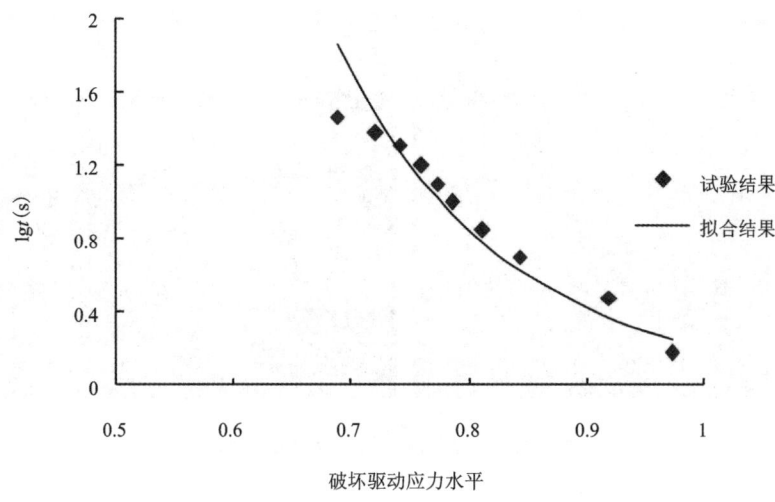

图 2.13 破坏驱动应力水平与时间对数的关系曲线

由图 2.12 和图 2.13 可知,应力强度与时间的关系曲线和破坏驱动应力水平与时间的对数关系均可用指数函数进行拟合。由图 2.13 可知,在低驱动应力水平阶段,模型曲线趋向于无穷大,表明破坏需要很长时间;在高驱动应力水平阶段,模型曲线接近于无穷小,表明发生了瞬间破坏。如果将破坏需要无限长时间的驱动应力水平称为破坏驱动应力水平的极限值$(\sigma/\sigma_c)_{lim}$,该值趋近于 0.62,将此拟合曲线关系进行外延,可以获取相对较低破坏驱动应力水平下岩石破坏所需滞后时间的预测。当达到破坏驱动应力水平的极限值 0.62 以后,可以看出岩石受损时间越长岩石的强度越低,这说明岩石的强度随时间延长有损伤劣化作用。

五、灰岩和大理岩时滞性单轴压缩破坏特征分析

1. 宏观破坏特征

在时滞性单轴压缩试验中,岩样的宏观破裂形态表现为破坏时会产生裂纹,裂纹大多数都沿着轴向扩展,岩样并没有呈现出大块的破坏,而是碎裂成许多相对较薄的片状碎屑(图 2.14),以岩样 201 为例,试验前岩样并没有明显的裂纹,但当加压至 75MPa 并保持此加载应力 150s 后岩样发生破坏,岩样破坏后形成大量的竖向裂纹和大量片状碎屑。由于时滞性单轴试验中岩样的环向应变大于轴向应变(表 2.8),故岩样宏观上表现出明显的侧向膨胀。而且在时滞性单轴压缩试验中,岩石所表现出的宏观破坏特征与岩石破坏特征相似,在现场硬质岩开挖过程中,发生岩爆时岩体出现剥离和掉块现象,新生裂缝较多,时滞性单轴压缩试验中岩样所表现出的宏观破坏特征与现场情况类似。

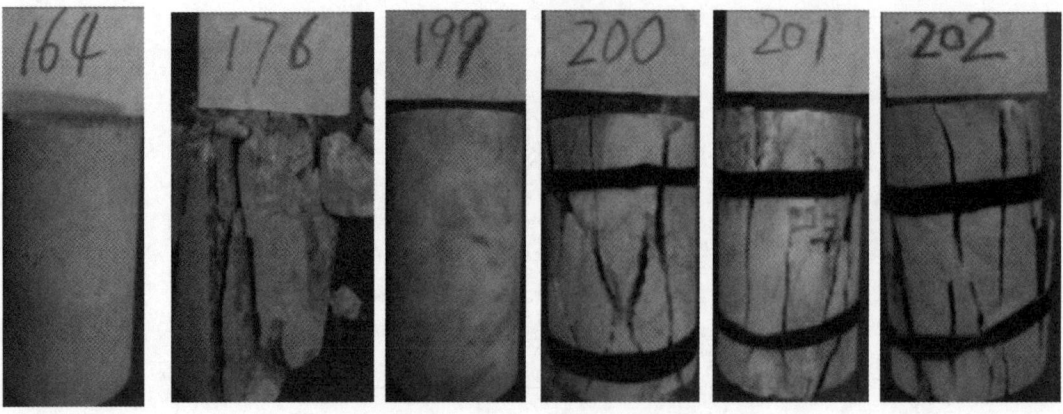

图 2.14 大理岩时滞性单轴压缩试验破坏模式

表 2.8 岩石应力峰值点处岩样的轴向应变与环向应变值

岩性	应力路径	编号	最大应力(MPa)	轴向应变	环向应变
大理岩	连续加载	164	68.1	0.002 76	−0.004 04
		176	92.1	0.003 21	−0.004 49
		199	91.2	0.002 66	−0.005 34
		991	103	0.003 19	−0.006 79
		201	77.1	0.003 48	−0.005 79
		253	57.4	0.001 70	−0.002 40
		257	56.9	0.002 60	−0.003 17
		200	82.9	0.003 66	−0.004 48
	循环加载	246	37.8	0.002 07	−0.003 64
灰岩	连续加载	8	58.1	0.003 05	−0.003 39
		19	73.5	0.004 15	−0.008 81
		72	81.7	0.003 98	−0.006 99
		98	91.1	0.003 91	−0.009 60
		65	81.2	0.003 98	−0.006 99

2. 劈裂破坏形成的机理

在单轴压缩条件下,岩样的破坏形态大部分以宏观裂纹为主,这些裂纹通常与最大主应力成一定角度或者与最大主应力平行。在常规单轴试验条件下,试验初期并不会出现很多裂纹,而是会首先出现数个主要裂纹,随着时间推移,这几个裂纹发展很快,在其他裂纹还来不及出现或发展的情况下,岩样已经沿这几个主导裂纹发生了破坏,整个岩样即破坏成块状,而不是片状碎屑。时滞性单轴压缩破坏与单轴压缩条件显著不同是因为其在相当长的时间里维持在一个相对较低的应力水平,此条件有利于大量裂纹的产生,换言之,除了主导性裂纹以外,还有大量的次生裂纹的产生,这些次生裂纹与最大主应力成一定角度,因此岩样的破坏不是呈块状,而是呈片状碎屑。例如,图 2.15 中的岩样 201 在试验过程中其破坏并不是突然发生的,而是首先在岩样的表层产生了片状的凸起,并伴有清脆的撕裂声,与此同时岩样表面会产生众多的竖向裂纹,从产生凸起到裂纹扩展持续的时间大约为 2min,最后岩样会沿着贯穿岩样的主要裂纹发生突然破坏。岩样在加载的峰值停留的时间约 3min,时滞性表现得相当明显。破坏后的岩样如图 2.15 所示。

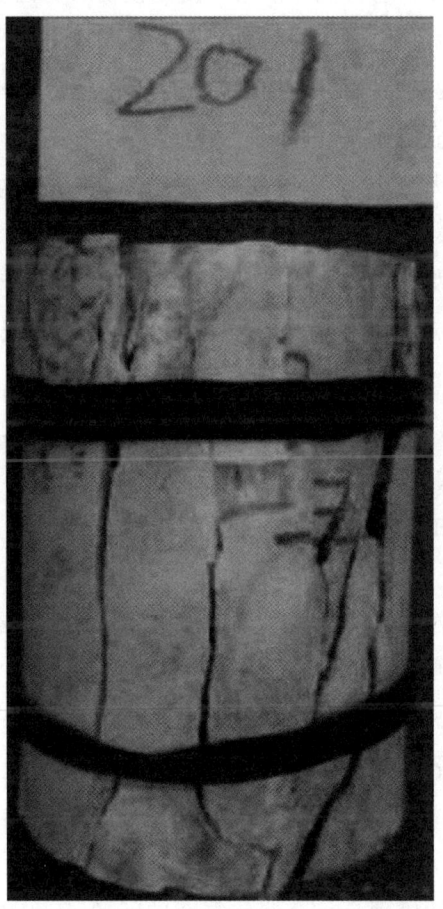

图 2.15 大理岩时滞性单轴压缩试验片状碎屑形成机理图

第四节 本章小结

笔者结合锦屏水电站工程和滇中引水工程等深部工程,选取具代表性的高应力脆性岩石大理岩和灰岩,分析了它们的矿物成分和声波特性,基于RMT-401岩石力学试验系统完成了高应力岩石在不同应力路径下常规单轴压缩试验和时滞性单轴压缩试验研究。研究高应力岩石在不同应力路径下的应力应变特征、强度特征、宏观破坏特征以及常规单轴压缩破坏模式和时滞性单轴压缩破坏模式,获得应力强度和破坏驱动应力水平随时间变化的规律。

(1)选取大理岩和灰岩作为研究对象,根据分析的矿物成分和声波特性可以得知它们为典型的脆性岩石。

(2)常规单轴压缩试验结果表明,不同的加载速率对岩石强度有很大的影响。大理岩和灰岩的常规单轴压缩试验成果均表明,其单轴抗压强度随着加载速率的增大而增大,即其强度跟加载时间的长短有关,这表明岩石强度具有明显的时间效应。

(3)通过时滞性单轴压缩试验研究了应力强度随损伤时间的变化规律和驱动应力水平随损伤时间变化的规律,并分别拟合了应力强度和破坏驱动应力水平随损伤时间变化的关系曲线。通过分析不同应力强度随时间的变化曲线及岩石破坏所需的时间与破坏驱动应力水平的关系曲线得知,在低驱动应力水平阶段,曲线趋近无穷大,表明破坏需要很长时间;在高驱动应力水平阶段,曲线趋近无穷小,表明破坏瞬间发生;如果将破坏需要无限长时间的驱动应力水平称为破坏驱动应力水平的极限值$(\sigma/\sigma_c)_{lim}$,该值趋近于0.62,将此拟合曲线关系进行外延,可以获取相对较低破坏驱动应力水平下岩石破坏所需滞后时间的预测;当达到破坏驱动应力水平的极限值0.62以后,岩石强度随受损时间的延长而降低,故岩石的强度随时间延长有损伤劣化作用。

(4)在单轴压缩条件下,岩样的破坏形态大部分以宏观裂纹为主,这些裂纹通常与最大主应力成一定角度或者与最大主应力平行。在常规单轴试验条件下,试验初期并不会出现很多裂纹,而是会首先出现数个主要裂纹,随着时间的推移,这几个裂纹发展很快,在其他裂纹还来不及出现或发展的情况下,岩样已经沿这几个主导裂纹发生了破坏,整个岩样即破坏成块状,而不是片状碎屑。时滞性单轴压缩破坏与单轴压缩条件显著不同是因为其在相当长的时间里维持在一个相对较低的应力水平,此条件有利于大量裂纹的产生,换言之,除了主导性裂纹外还有大量的次生裂纹的产生,这些次生裂纹与最大主应力成一定角度,因此岩样的破坏不是呈块状,而是呈片状碎屑。

(5)在时滞性单轴压缩试验中,岩样的环向应变大于它的轴向应变,且大于其常规单轴压缩试验破坏时的环向应变。实际工程中发生岩爆的时滞特性跟岩石的环向应变发展有密切关联,脆性岩石的时滞性破坏机理是一个非常复杂的问题,工程中脆性岩石的时滞性岩爆深刻地反映了岩石材料破坏的时滞性行为。

(6)在长期加载过程中,花岗岩和火成岩的强度能够降低到60%的瞬时强度,持续时间从数秒到17d,试验结果说明储藏核废料会受到时间和深埋环境下高地应力的影响,破坏的时间依赖于施加荷载的大小。

第三章 高应力脆性岩石三轴时滞特性研究

我国西南部水电工程地下隧洞围岩岩体的力学特性跟浅部的岩体力学特性有显著的区别，因为这些地下洞室所处的环境条件具有埋深特别大、地应力特别高的特点，洞室围岩体的力学响应明显有别于浅部岩体，研究高应力条件下围岩力学特性规律，明确其变形破裂机理是迫切需要解决的科学问题。在开挖脆性岩体的过程中，如果这些脆性岩体所依附的地下洞室处在高地应力环境中，那么地下洞室的开挖将引起围岩所在的应力场发生改变，使深埋地下洞室的洞壁围岩发生屈服和破坏。这种脆性岩体在开挖卸荷时表现出来的力学行为危害性很大，如局部剥落、岩爆、垮塌等破坏表象，将给深埋地下的洞室施工建设带来严重威胁。另一方面，通过现场试验可知，深埋地下洞室岩体所处的环境特殊，岩体在开挖卸荷后，其力学参数明显受到劣化损伤，而且力学参数的劣化损伤与时间有很大关系。研究适合深埋地下洞室岩体变形破坏行为的力学模型及深埋地下洞室劣化损伤区内岩体的力学参数特性，从而将其应用于深埋地下洞室工程实际中是一项紧迫的任务。深埋地下洞室群稳定性的分析评价及深埋地下洞室群的设计与施工问题亟待解决。一些专家学者在此领域取得了显著的成果，并将其应用在一些大型工程中，如二滩水电站、长江三峡水电站、小湾水电站等大型水电工程。沈为(1991)、周维垣等(1998)、沈新普等(1995)进行了岩体弹脆塑性本构模型研究，Hajiabdolmajid 等(2002)、Hajiabdolmajid(2001)提出了CWFS本构模型，这些成果合理地模拟了深埋地下洞室围岩劣化损伤的区域范围。这些成果极大丰富了岩体弹脆塑性行为的研究，但该类模型也存在一些不足之处，或没考虑现场围岩受损区岩体力学参数随时间劣化这一工程实际问题，或计算过程复杂而没能得到推广应用。

深埋地下工程岩体开挖后，其所在区域的应力场会发生变化，加载或卸荷均会使区域内的岩体受到劣化损伤并导致其屈服。深埋地下工程岩体开挖前为三向应力状态，深埋地下工程岩体开挖后的应力场发生了变化，被调整为二向应力状态。在工程实践中，此应力调整会引起区域内岩体力学环境劣化现象，从而改变岩体的基本力学性质。可以从微细观和宏观两个方面的研究来揭示区域内岩体的力学性质的改变。从宏观角度看，深埋地下洞室围岩力学特性的变化可以归结为力学参数的变化；从微细观角度看，深埋地下洞室围岩力学特性的变化是卸荷作用使岩体内部的裂纹张开，后又因实际工程中发生的荷载使内部裂纹进一步扩展，导致区域内岩体的弹性模量、黏聚力、内摩擦角等发生变化。

基于深埋地下高地应力脆性围岩破坏的力学特点,笔者选取我国西部水电站地下洞室典型的脆性岩石大理岩和灰岩为研究对象,采用 MTS815.03 型全自动岩石力学试验系统,开展低围压、中围压、高围压下围岩的三轴压缩加、卸载破坏试验,分析不同围压范围、不同应力路径下岩石强度参数的变化规律,研究高应力条件下围岩非线性强度特征以及高应力下受损伤区的岩体参数随岩石损伤时间的延长而降低的规律。

第一节 岩石三轴压缩强度特性研究

开展基于 MTS 系统的不同应力状态(低围压、中围压、高围压)、不同应力路径及不同加载速率下的深埋高应力岩石的三轴压缩试验。分析多种不同高应力岩石力学特性,比较常规应力水平和高应力水平下岩石的三维应力强度参数,常规应力水平和高应力水平下岩石强度屈服准则有显著的不同;基于深埋地下洞室高应力条件下岩体的强度变形特性,探讨深埋地下洞室高应力围岩石的强度准则。

一、试验设备

长江科学院水利部岩土力学与工程重点实验室 2007 年从美国 MTS 公司购置的 MTS815.03 型岩石力学试验系统,如图 3.1 所示。该设备功能齐全,可以进行单轴压缩试验、三轴压缩试验、三轴卸荷试验、流变试验、直剪试验等多种岩石力学试验。该试验系统主要由加载系统、测量系统、控制器等部分组成。其中加载系统包括液压源、载荷框架、作动器、伺服阀、三轴试验系统及孔隙水压试验系统等;测量系统主要由机架力与位移传感器、测力传感器、引伸计、三轴室压力及位移传感器、孔隙水压力和位移等多种传感器组成;控制器主要由反馈控制系统、数据采集器、计算机等控制软硬件组成,其中程序控制包括函数发生器、反馈信号发生器、数据采集、油泵控制和伺服阀控制等。MTS815.03 型岩石力学试验系统具有优异的手动及程序控制功能,可以通过站管理器软件设计不同的试验手段及加载方式。试验机常用的控制方式包括轴向冲程力控制、轴向冲程位移控制、内置力传感器力控制、轴向引伸计位移控制、环向引伸计位移控制等。内置式轴向应变测量包主要测试参数:型号为 632.90F-04 轴向引伸计,标距 50mm,轴向行程－2.5～5.0mm;内置式径向应变测量包主要测试参数:型号为 632.92H-03 环向引伸计,环向行程－2.5～8.0mm。

二、试验方法

(1)专业的装样人员用专业的热缩胶套首先包裹好岩样,然后在两端加上稍大于或稍小于岩样直径的刚性垫块,再用吹风机对着包裹的岩样吹,使热缩胶套与岩样吻合牢固,以免在试验过程中液压油误入岩样内,从而影响设备的运行以及岩石力学参数的测定。岩样包裹好后放置试验台上,安装好轴向引伸计及环向引伸计,然后缓慢升起试验台,通过控制系统将其预加载约 1kN,使压头与岩样刚好接触,手动控制轻轻放下三轴压力缸并通过固定按钮固定

图 3.1 MTS815.03 型岩石试验系统

外缸,后关闭安全玻璃门。

(2)同时施加围压及轴压至预定值,其加载速率为 0.1MPa/s,试验过程中围压保持不变。

(3)试验开始前需设定合适的加载速率,需同时设定控制方式,该控制方式包括力控制方式和轴向冲程位移控制方式,试验过程中数据自动被采集,当试样破坏或达到位移限值通过控制系统终止试验止。测量系统在试验过程中自行处理试验数据,同步绘制全应力应变关系曲线。

(4)结束试验,进行装样的逆过程,最后由专业人员取出试样,试验人员进行记录描述。

三、试验成果分析

基于 MTS 岩石力学试验系统,对不同围压作用下的大理岩进行了三轴压缩全过程试验,连续加载时,采用轴向冲程位移控制,加载速率为 0.005mm/s,试验围压为 5MPa、10MPa、15MPa、20MPa、25MPa、30MPa、35MPa、45MPa、55MPa、60MPa、70MPa、80MPa;循环加、卸载时,采用应力控制,试验围压为 10MPa、20MPa、30MPa、40MPa。针对大理岩和灰岩试样开展了低、中、高应力水平下的三轴加载破坏试验,不同围压下对应的岩石强度如表 3.1 所示,不同围压作用下典型的应力应变关系曲线如图 3.2~图 3.5 所示,不同围压作用下三轴压缩强度试验成果,如图 3.6 所示。

表 3.1　大理岩和灰岩的三轴压缩强度及强度参数

岩性	编号	应力路径	围压 σ_3(MPa)	偏应力 $\sigma_1 \sim \sigma_3$(MPa)	三轴压缩强度 σ_1(MPa)	黏聚力 c(MPa)	内摩擦角 φ(°)	黏聚力 c(MPa)	内摩擦角 φ(°)
大理岩	173	连续加载	5	109	114	18.8	41.4	29.3	33.9
	174		10	109	119				
	225		15	148	163				
	226		20	147	167	35.0	35.2		
	234		25	149	174				
	274		30	177	207				
	216		35	201	236				
	192		45	245	290	54.8	28.5		
	221		55	233	288				
	180		60	271	331				
	166		70	249	319				
	273		80	270	350				
	159	循环加、卸载	10	105	115	—	—	—	—
	193		20	264	284				
	189		30	172	202				
	182		40	303	343				
灰岩	27	加载	2.5	118	120.5	23.2	44.2	36.9	35.7
	95		10	164	174				
	29		15	174	189				
	10		20	222	242				
	58		25	235	260	30.2	42.2		
	55		30	249	279				
	50		35	287	322				
	35		40	300	340				
	45		50	308	358				
	34		55	271	326	38.0	37.2		
	93		60	335	395				
	108		70	393	393				
	90		80	372	372				

1. 应力应变特征

图 3.2～图 3.4 分别为低围压、中围压、高围压下的三轴压缩加载下岩石的全应力应变曲线。由图 3.2 和图 3.3 可知,在高围压下转化为延性,深埋地下洞室高应力大理岩和灰岩破坏后均会表现为塑性变形,且该塑性变形比较大,但在较低围压下大理岩和灰岩仍然为脆性特性。表 3.1 为不同的应力路径下岩石的应力峰值(三轴压缩强度)。由图 3.4 可知,循环加、卸载对岩石的裂纹发展是不可逆的,若以岩石循环加、卸载试验获取的不可逆的裂纹应变累计值作为岩石损伤的度量,随损伤变量的增加,岩石弹性模量、损伤强度和峰值强度均会下降,但随着损伤变量达到某值后,损伤强度会迅速降低,而应力峰值变化的规律为先增加然后缓慢降低,这是因为在试验过程中其损伤不断积累。通过定义岩石循环加、卸载试验获取的不可逆的裂纹应变累计值作为岩石损伤的度量,基于该损伤控制试验得到了大理岩破坏过程中强度和变形特性随损伤的演化规律;随损伤变量的增加,岩石强度参数内摩擦角和黏聚力随损伤变量而发生的变化规律为随着损伤的发展,黏聚力从峰值迅速下降,并很快到达残余门限值;随着损伤的积累,其内摩擦角变化的规律为先缓慢上升再缓慢降低,而且在上升的过程中,内摩擦角是在大部分黏聚力损失后缓慢升高到最大值。该研究成果对揭示脆性岩石强度破坏机制具有重要的理论意义。

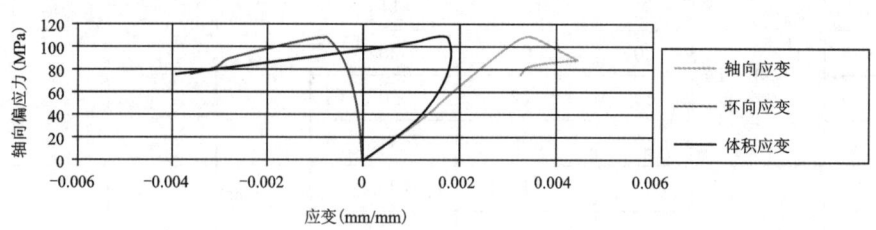

(a) 围压为 5MPa

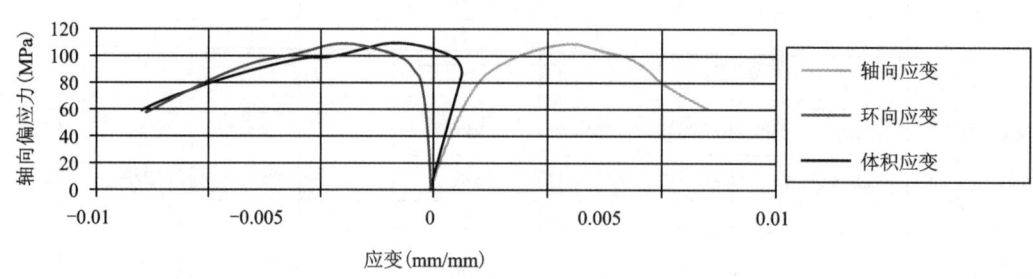

(b) 围压为 10MPa

图 3.2 大理岩典型的全应力应变曲线图(应力路径为连续加载)

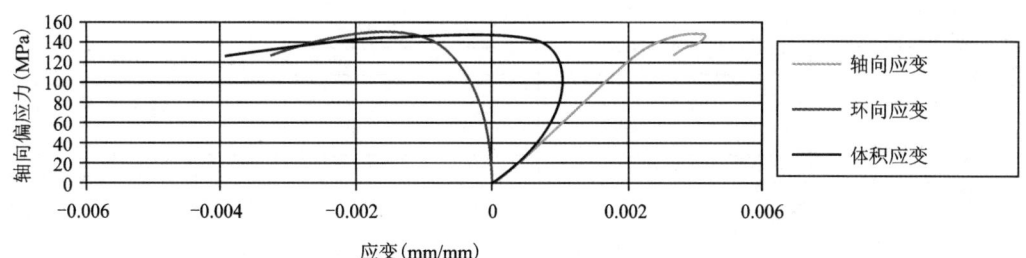

(c) 围压为15MPa

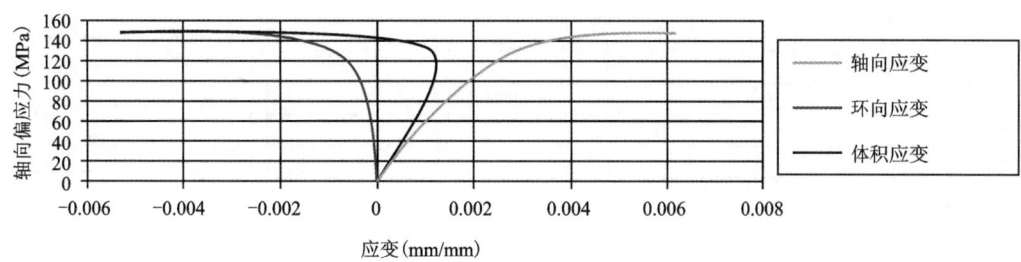

(d) 围压为20MPa

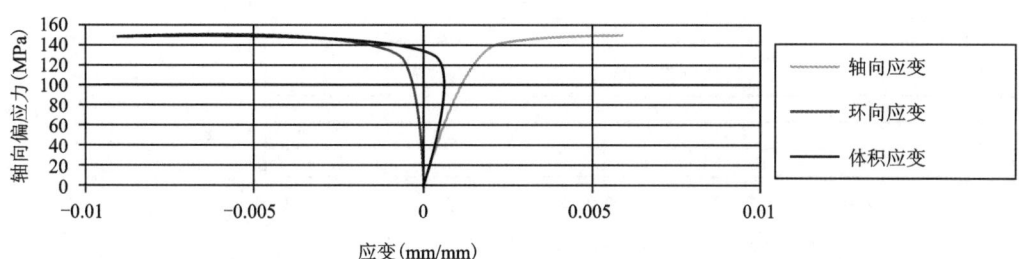

(e) 围压为25MPa

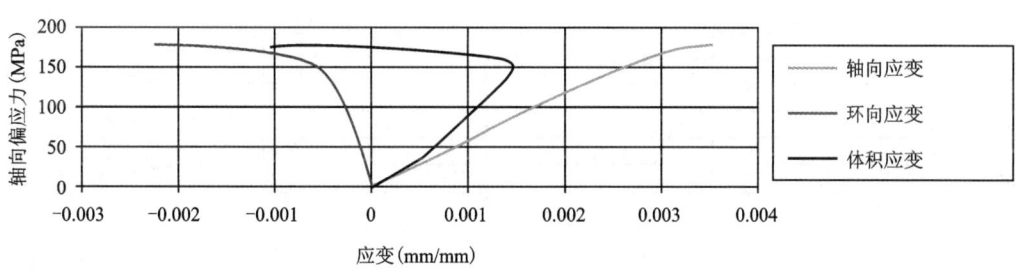

(f) 围压为30MPa

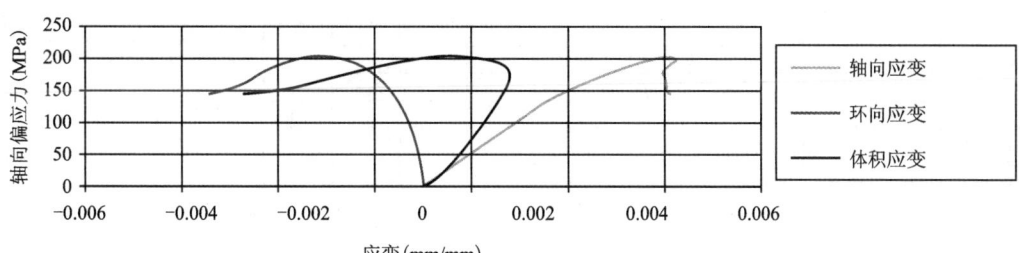

(g) 围压为35MPa

续图3.2

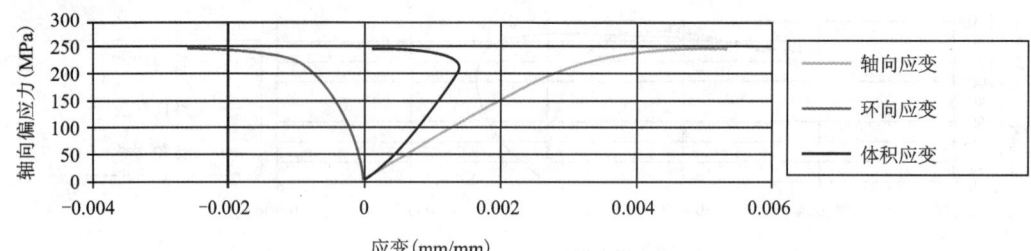

(h) 围压为 45MPa

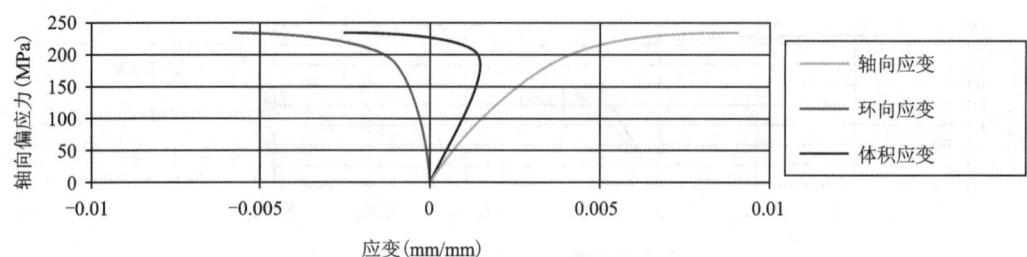

(i) 围压为 55MPa

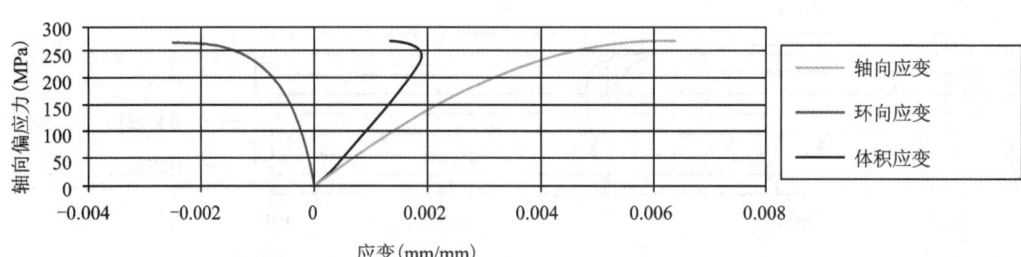

(j) 围压为 60MPa

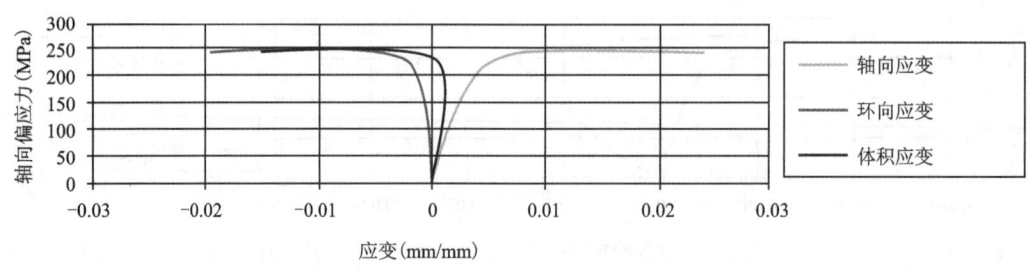

(k) 围压为 70MPa

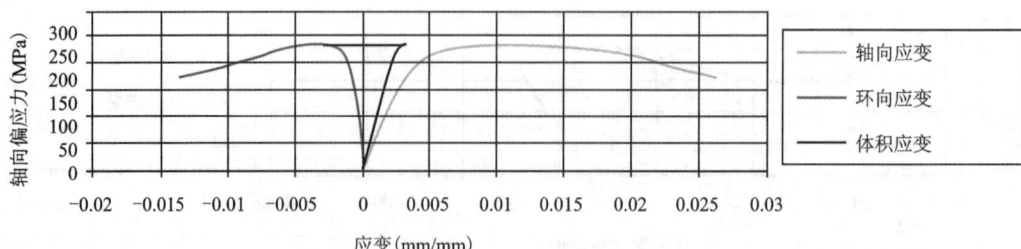

(l) 围压为 80MPa

续图 3.2

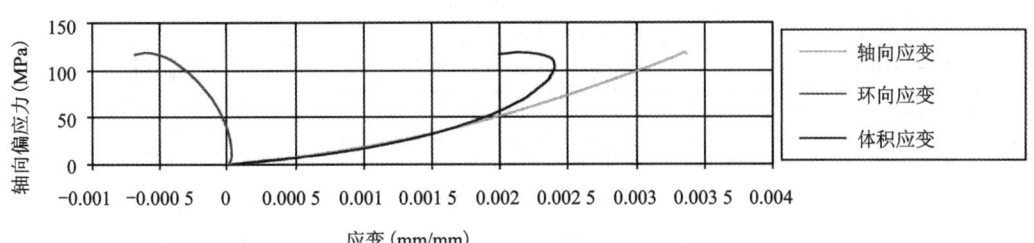

(a)围压为 2.5MPa

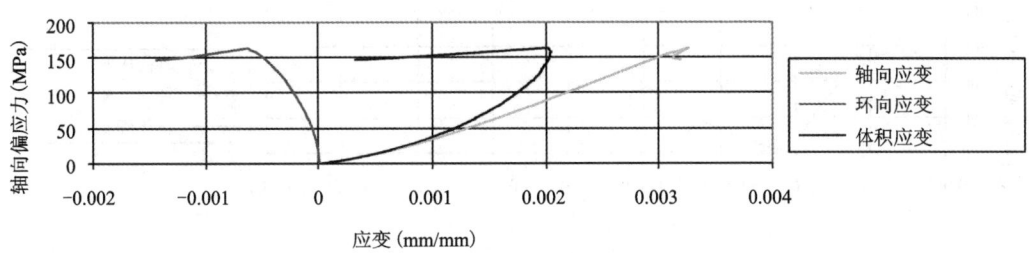

(b)围压为 10MPa

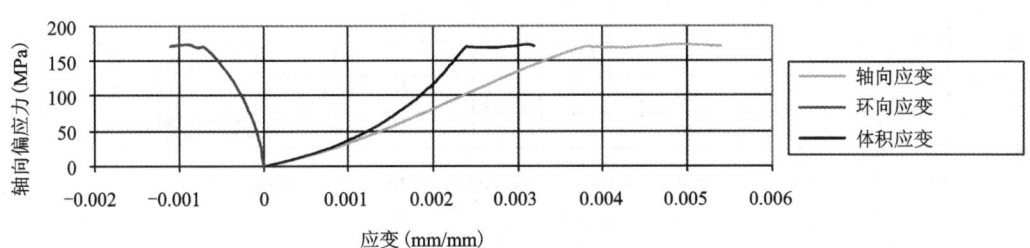

(c)围压为 15MPa

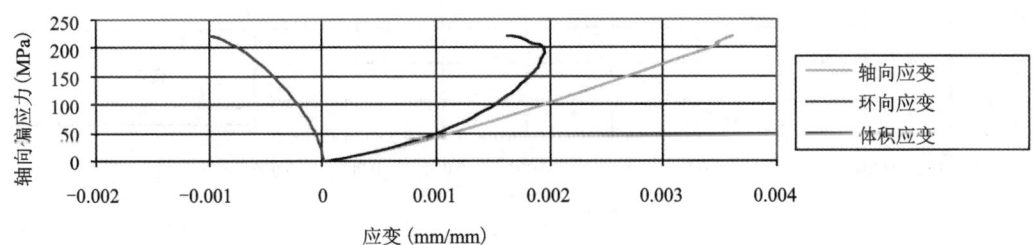

(d)围压为 20MPa

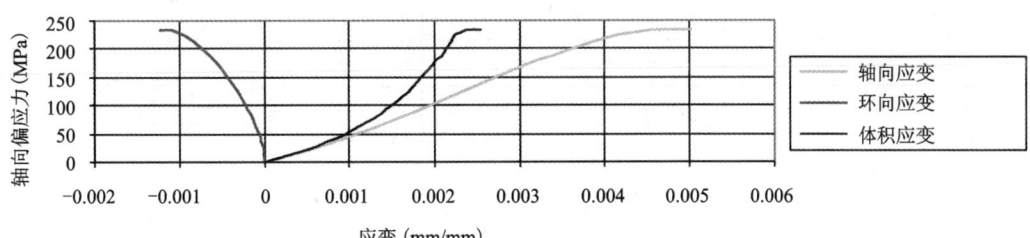

(e)围压为 25MP

图 3.3 灰岩典型的全应力应变曲线图(应力路径为连续加载)

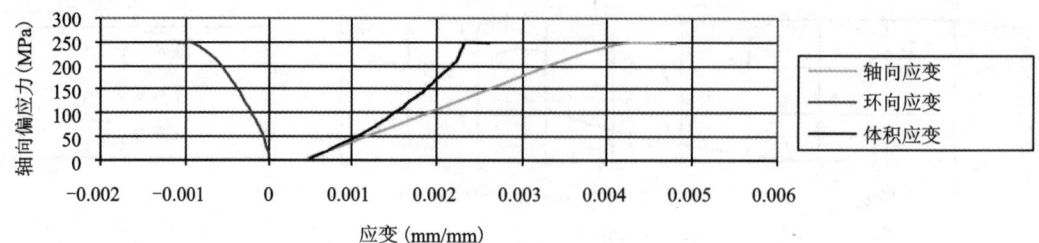

(f) 围压为 30MPa

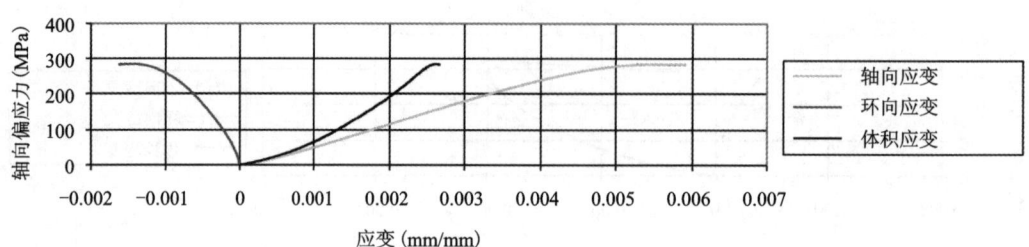

(g) 围压为 35MPa

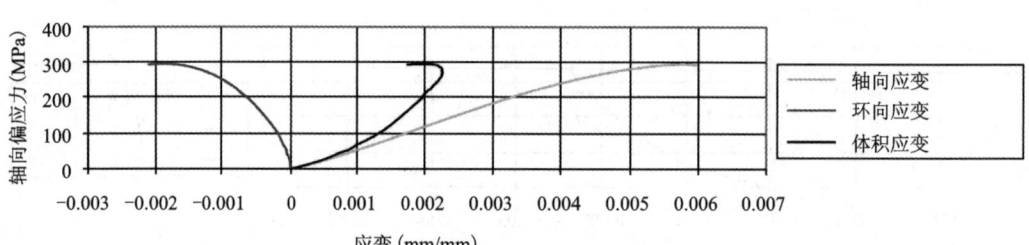

(h) 围压为 40MPa

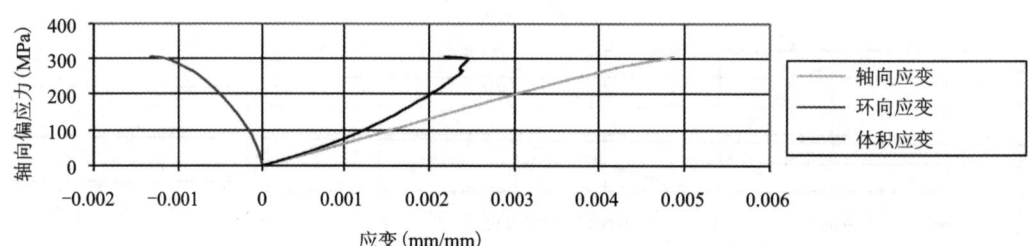

(i) 围压为 50MPa

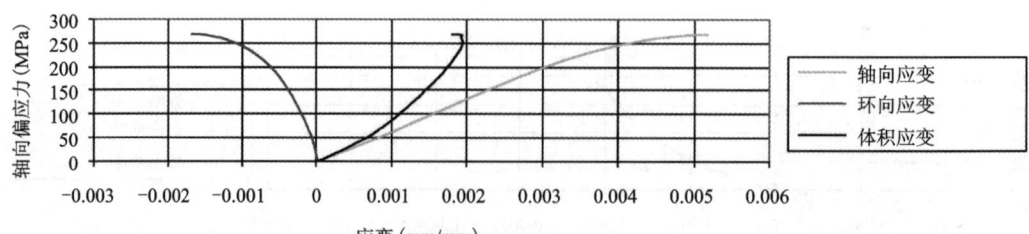

(j) 围压为 55MPa

续图 3.3

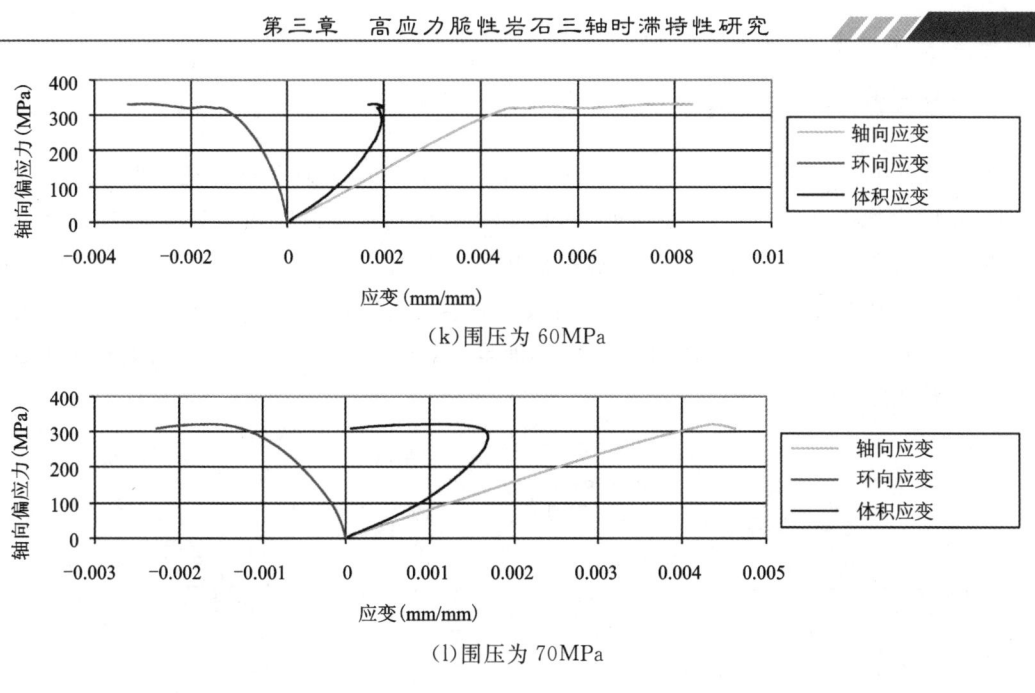

(k)围压为 60MPa

(l)围压为 70MPa

(m)围压为 80MPa

续图 3.3

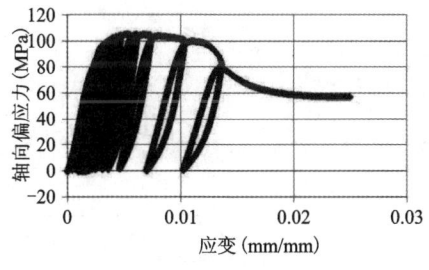
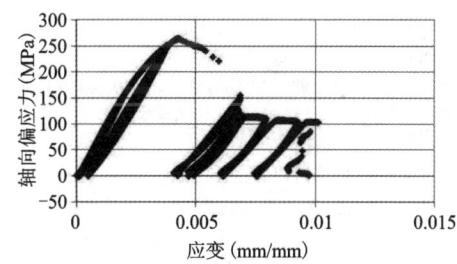
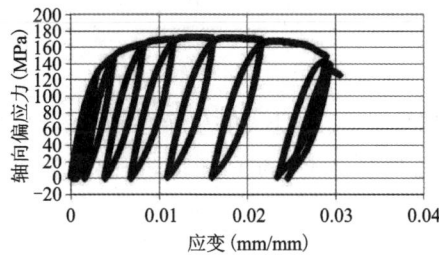
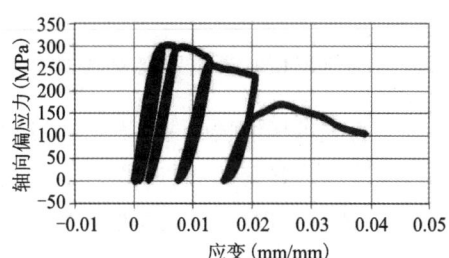

图 3.4 典型的全应力应变曲线图(应力路径为循环加、卸载)

2. 三轴压缩试验强度特性

采用线性的莫尔-库仑强度理论来对试验结果进行拟合,其强度参数成果见表3.1,得到大理岩岩样内摩擦角为33.9°,黏聚力为29.3MPa,得到灰岩内摩擦角为35.7°,黏聚力为36.9MPa。由图3.5和图3.6可知,在较低围压下大理岩和灰岩均表现出一定的脆性,在高围压下转化为延性,高应力下大理岩和灰岩破坏后均会产生较大的塑性变形;线性关系无法很好地反映岩石试样围压与强度的变化规律,而幂函数型非线性莫尔强度准则能较好地描述高应力三轴强度特性。

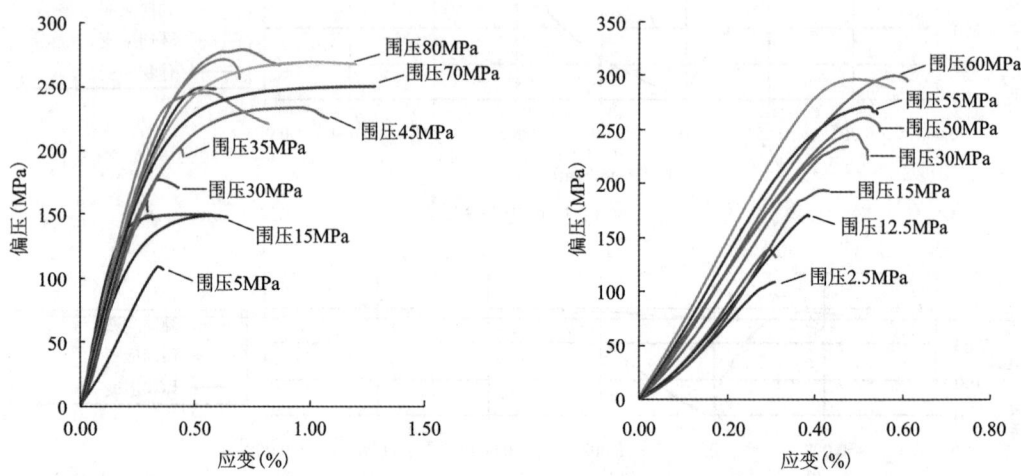

图3.5 不同围压作用下典型大理岩三轴压缩应力应变曲线

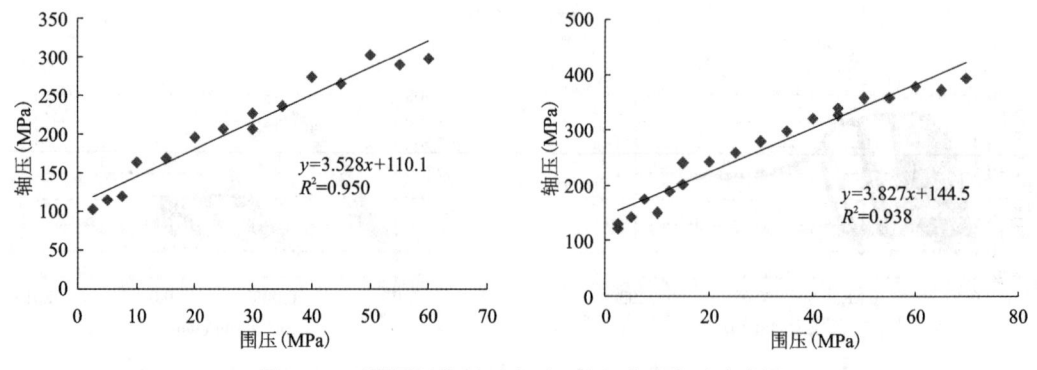

图3.6 不同围压作用下岩石三轴加载强度试验成果

3. 三轴压缩试验后岩石破坏模式

在岩石三轴压缩试验中,岩样均持续数秒后发生瞬时屈服,并且一般呈剪切屈服,岩样的屈服破坏表现为显著的剪切破裂面,而且该剪切屈服面与轴向成一定的角度,剪切破裂面或沿着弱面,或整体破坏,其破坏模式如图3.7所示。

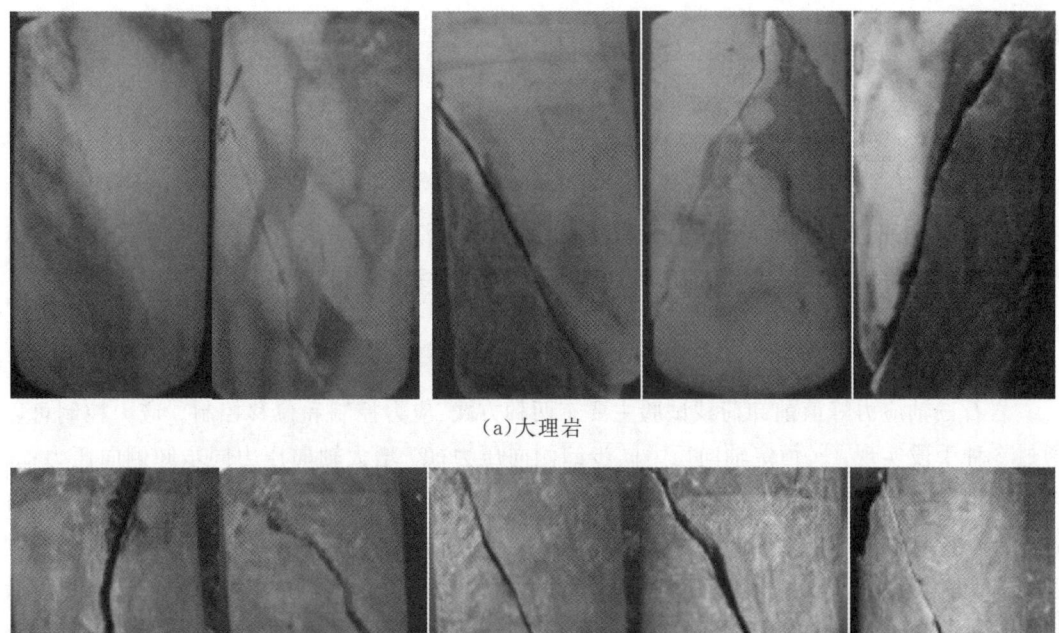

图 3.7 不同围压作用下大理岩和灰岩三轴加载破坏模式(连续加载)

如图 3.7(a)所示,从岩石试样的宏观断口查看,在低围压试验下岩石破坏面不平整,断口出现张拉、扭曲的痕迹,宏观上其剪切屈服面是单一的,宏观破裂面主要为剪切破坏;在高围压试验下岩石破坏面随着围压的升高越来越平整,并且随着围压的升高,岩石的主控屈服面与最大主应力的夹角也不断增大,岩样变成鼓状。岩样破裂面很大程度上取决于层理面的产状,与层理面基本一致。

灰岩试样在不同围压作用下的三轴压缩破坏形式如图 3.7(b)所示,围压对岩体破坏机制有一定的影响,但灰岩的隐性层理对试样破裂形式有着较大的影响。低围压条件下,灰岩呈明显的脆性张剪屈服破坏,屈服时产生许多与主应力方向平行的贯穿裂缝,几乎呈片状劈裂破坏,同时产生清脆的破裂声;由于围压不断增大,岩石试样从原来的张剪屈服慢慢表现为压剪屈服,岩石试样的屈服形式明显表现为单纯的剪切屈服面或者连接在一起的剪切面共同实现对岩样的贯穿,同时岩样中也存在一定数量的轴向劈裂面,随着围压的继续升高,岩样破坏形式为典型单一剪切滑移破坏。由于隐性层理的存在,灰岩的破裂面基本与隐性层理平行。

第二节　岩石三轴卸荷强度特性研究

一、试验设备

所用的设备同三轴压缩强度试验设备一致,仍用长江科学院水利部岩土力学与工程重点实验室岩石力学试验仪器 MTS815.03 型岩石力学试验系统(图 3.1)。

二、试验方法

岩石三轴应力峰值前卸荷载试验主要有两种方式:应力控制和位移控制。应力控制可以通过 3 种手段实现:① 恒定轴向压力同步卸侧向压力;② 增大轴向压力同步卸侧向压力;③ 轴向压力、侧向压力不等量地降低。试验机对岩石试样不断进行的轴向压缩为应力控制方式,在应力控制方式的试验过程中,岩石破坏的后区力学效应过程很难被测试到。位移控制通常有两种情况:①三轴压缩后保持轴向位移恒定,减小侧向压力,卸荷过程中不会对岩石试样进行轴向压缩做功,岩样的屈服是通过自身积蓄的能量达到;②按照位移控制的方式,三轴加载后选择轴向冲程控制的方式进行,即按照事先设置的某一恒定的速率上升活塞,同步减小围压,而且在卸荷过程中持续对岩样试样进行轴向加载。本次试验的控制方式为位移控制。

根据不同应力水平下的三轴压缩试验和单轴抗压试验,设置岩样试样在卸荷试验中的卸荷应力路径。卸荷试验采用的应力路径见图 3.8,即在试验过程中,试样破坏前保持轴向压力不变,且同步减小围压。模拟现场的工程实际开挖卸荷,围压 σ_3 急剧减小,正应力 σ_1 的反应滞后于围压的变化程度,因而在宏观上反映出来的表象即为岩石屈服破坏。试验进行步骤如下:

第一步,模拟静水压力方式,缓慢施加三向应力达到预先设定值,即 $\sigma_1 = \sigma_2 = \sigma_3 =$ 设定值。

第二步,缓慢增加轴向应力,当增加到试样临界屈服前的那一点应力时刻,该点应力值低于三轴强度(估计为岩石三轴强度的 65%～75%),但稍高于比例极限且高于单轴抗压强度,增加轴向应力的过程中同时需保持侧向压力恒定。

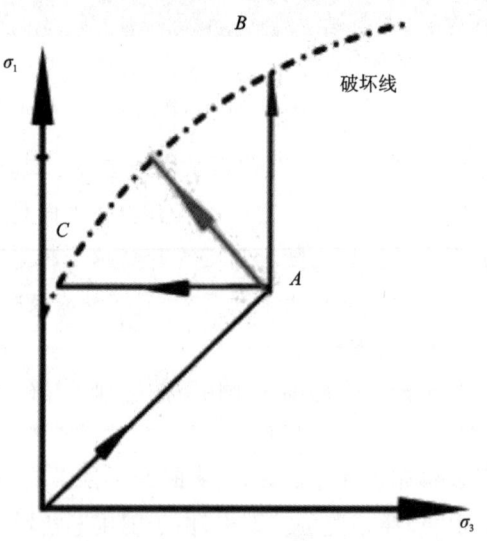

图 3.8　卸荷试验应力路径示意图

第三步,使岩石达到并超过应力强度值,进入应变软化时期,这是通过持续稳定轴压同步逐渐卸掉围压达到的。

三、试验成果分析

基于MTS815.03型岩石力学试验系统,对不同应力水平作用下的深埋高应力大理岩开展了三轴卸载全过程试验,先将侧向压力加到某一预定值,该预定值即为卸围压的起始值,其次按照一定的加载速率将偏差应力增加到某一估定的值,该估定值即为0.65～0.75倍峰值强度,然后稳定轴向压力,持续卸掉围压直至岩石发生屈服,对于脆性岩石,卸围压速率一般设置为0.05MPa/s,不同的围压水平下根据此速率设置不同的时间。笔者针对大理岩和灰岩试样开展了低、中、高应力破坏试验。

1. 应力应变特征

不同围压作用下典型的大理岩和灰岩试样三轴卸荷应力应变关系曲线如图3.9～图3.25所示。

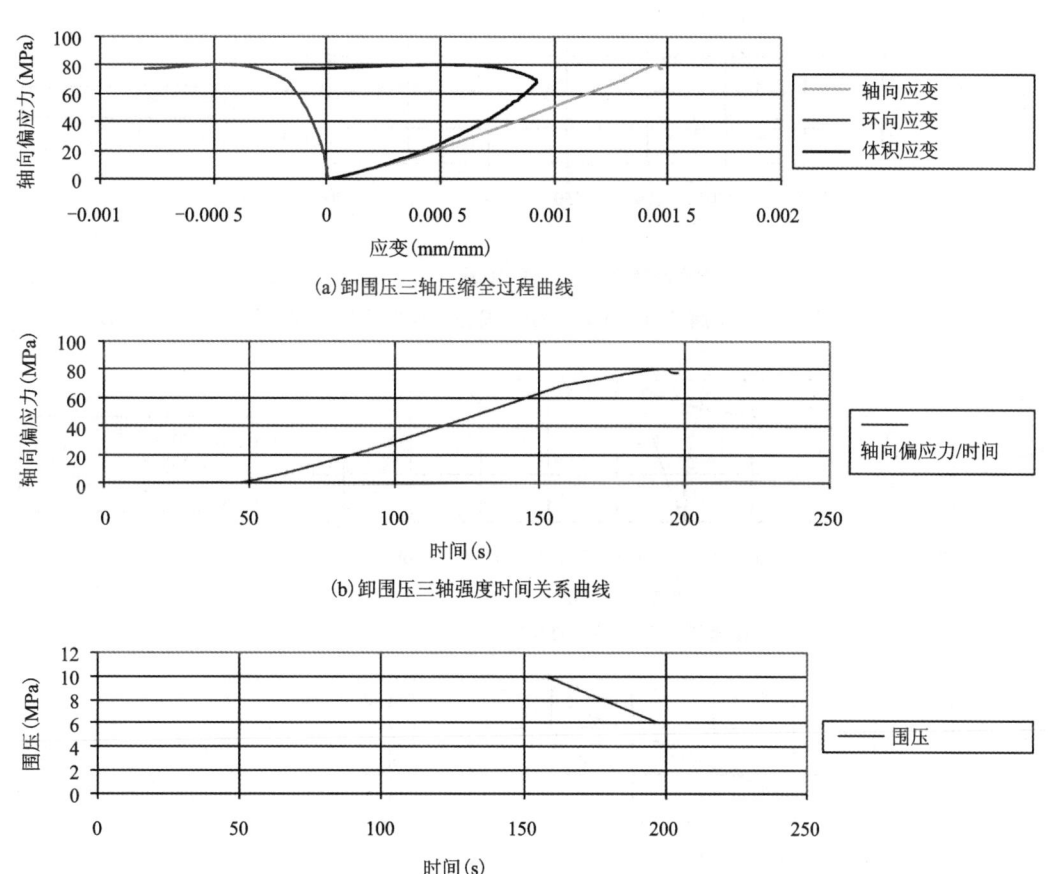

图 3.9 大理岩10MPa起始点卸围压三轴压缩全过程曲线(破坏时刻围压6.59MPa)

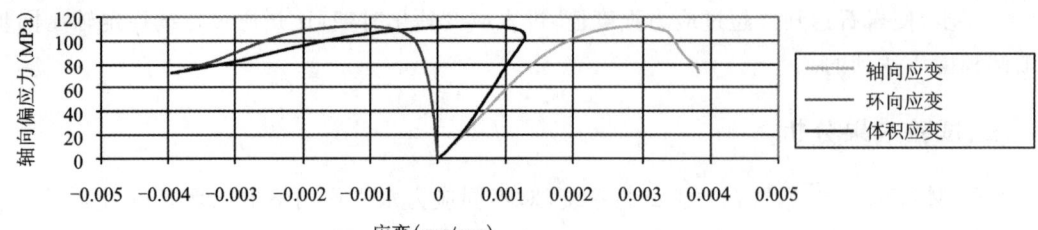

(a) 卸围压三轴压缩全过程曲线

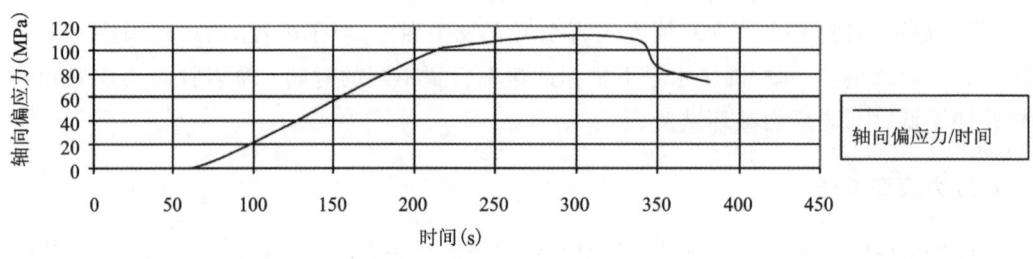

(b) 卸围压三轴强度时间关系曲线

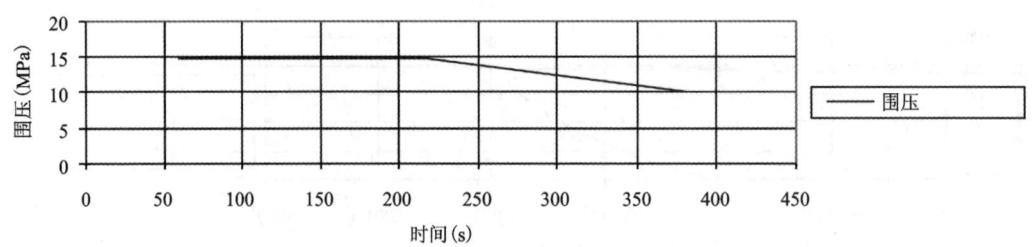

(c) 卸荷起始点围压时间关系曲线

图 3.10 大理岩 15MPa 起始点卸围压三轴压缩全过程曲线（破坏时刻围压 12.5MPa）

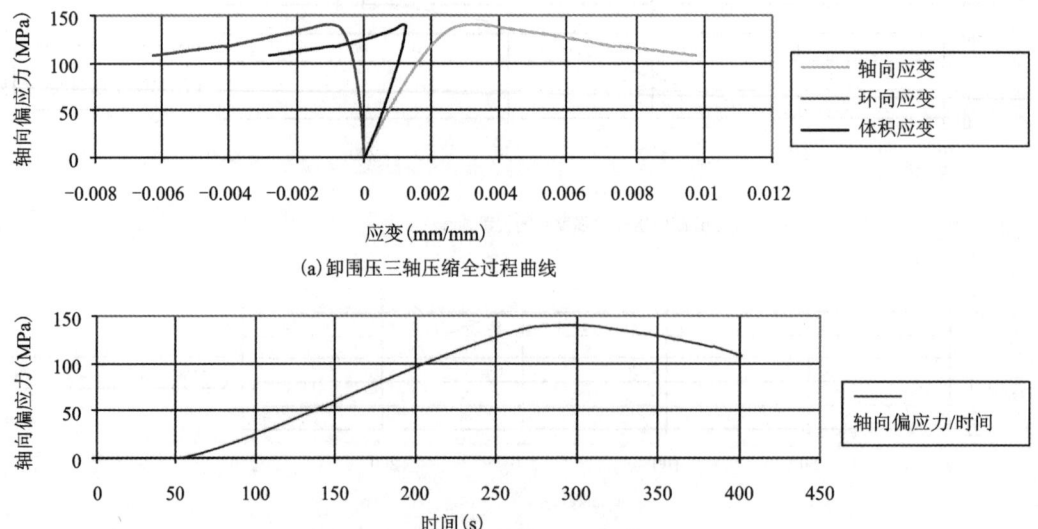

(a) 卸围压三轴压缩全过程曲线

(b) 卸围压三轴强度时间关系曲线

图 3.11 大理岩 25MPa 起始点卸围压三轴压缩全过程曲线（破坏时刻围压 22.0MPa）

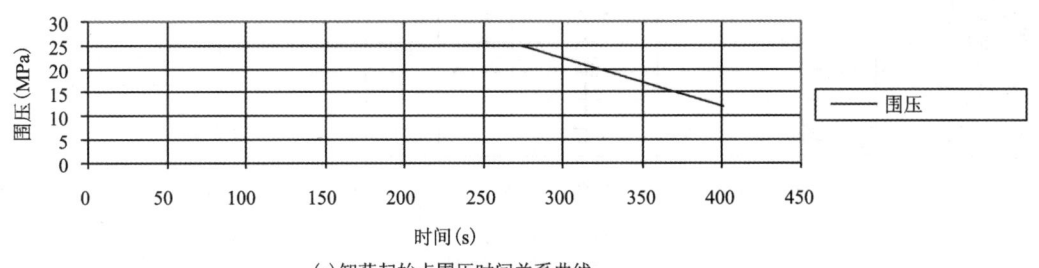

(c)卸荷起始点围压时间关系曲线

续图 3.11

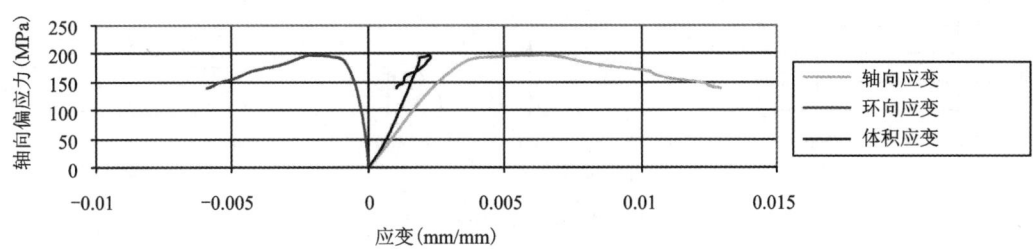

(a)卸围压三轴压缩全过程曲线

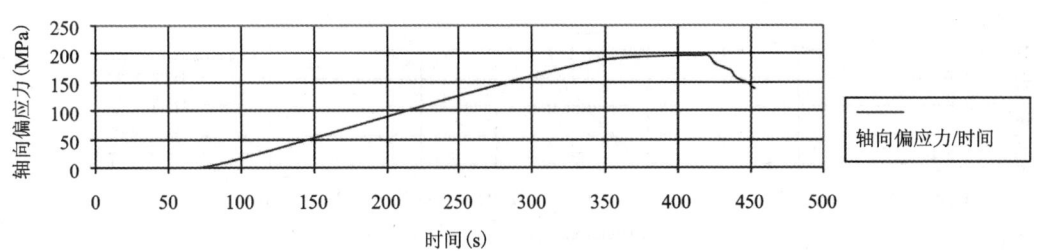

(b)卸围压三轴强度时间关系曲线

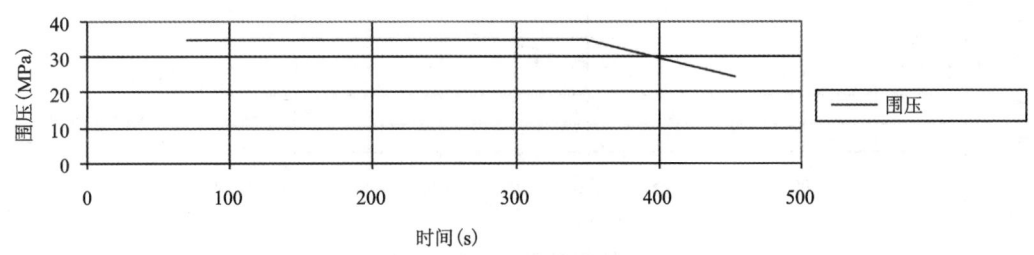

(c)卸荷起始点围压时间关系曲线

图 3.12 大理岩 35MPa 起始点卸围压三轴压缩全过程曲线(破坏时刻围压 28.0MPa)

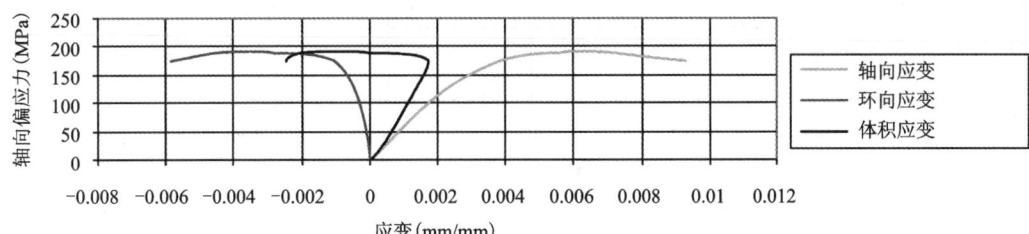

(a)卸围压三轴压缩全过程曲线

图 3.13 大理岩 40MPa 起始点卸围压三轴压缩全过程曲线(破坏时刻围压 27.6MPa)

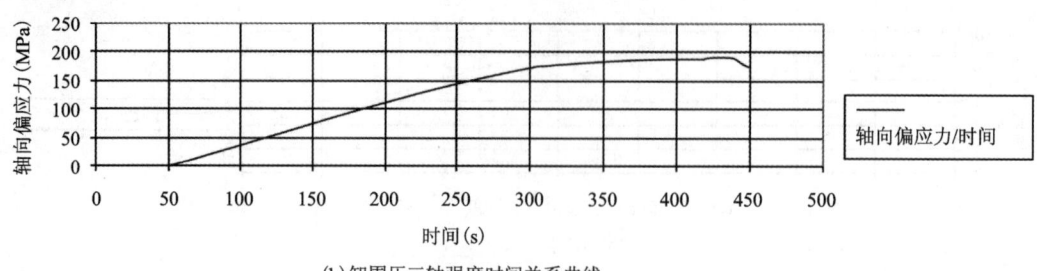

(b)卸围压三轴强度时间关系曲线

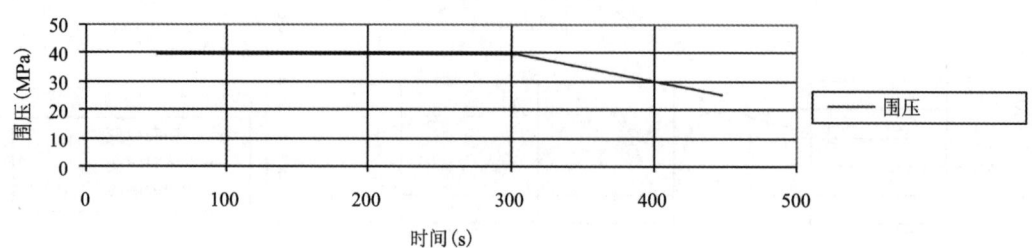

(c)卸荷起始点围压时间关系曲线

续图 3.13

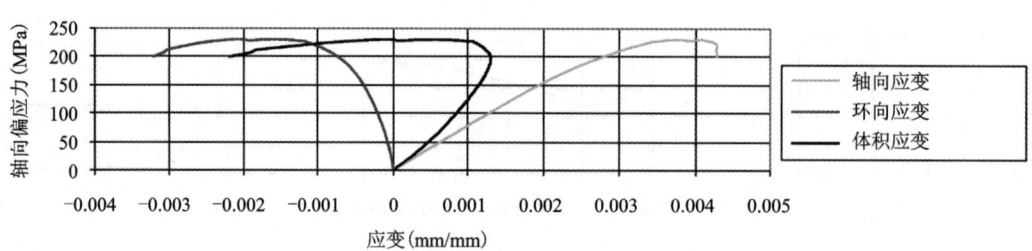

(a)卸围压三轴压缩全过程曲线

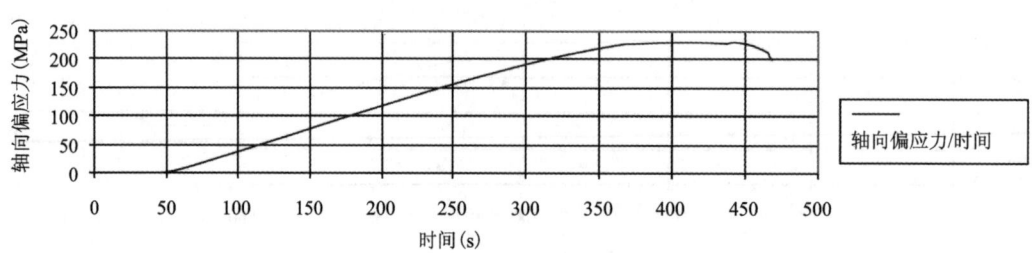

(b)卸围压三轴强度时间关系曲线

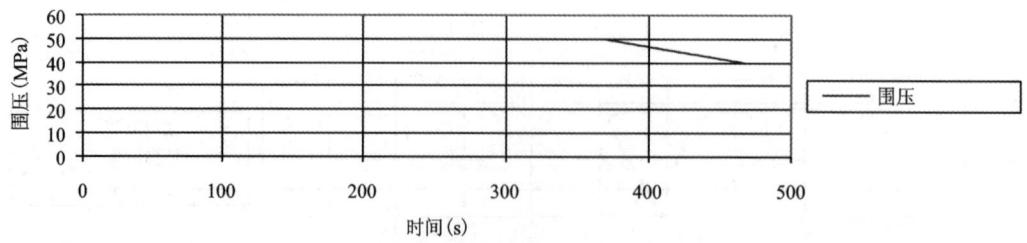

(c)卸荷起始点围压时间关系曲线

图 3.14 大理岩 50MPa 起始点卸围压三轴压缩全过程曲线(破坏时刻围压 42.6MPa)

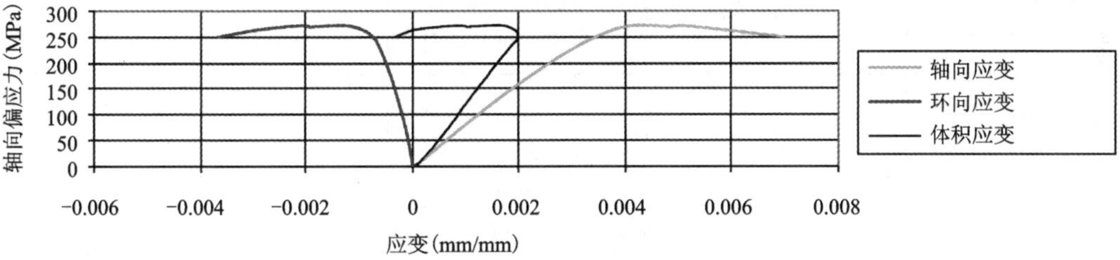

(a)卸围压三轴压缩全过程曲线

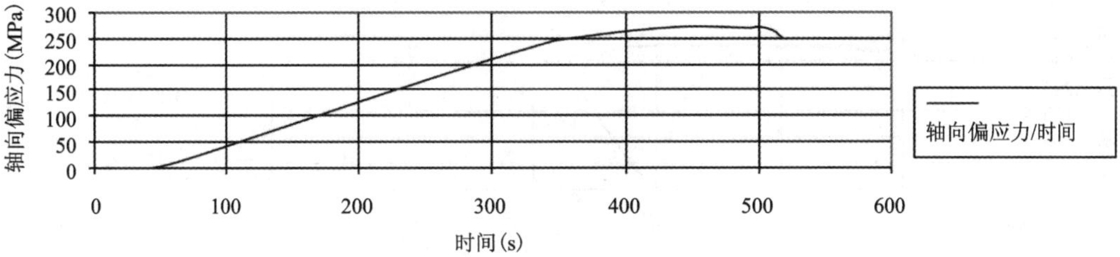

(b)卸围压三轴强度时间关系曲线

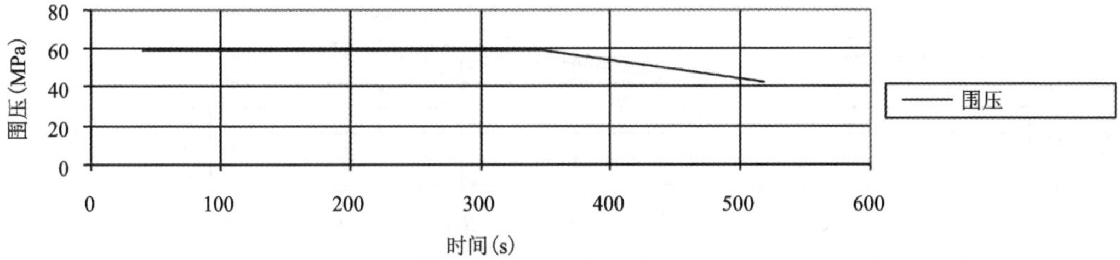

(c)卸荷起始点围压时间关系曲线

图 3.15 大理岩 60MPa 起始点卸围压三轴压缩全过程曲线(破坏时刻围压 49.4MPa)

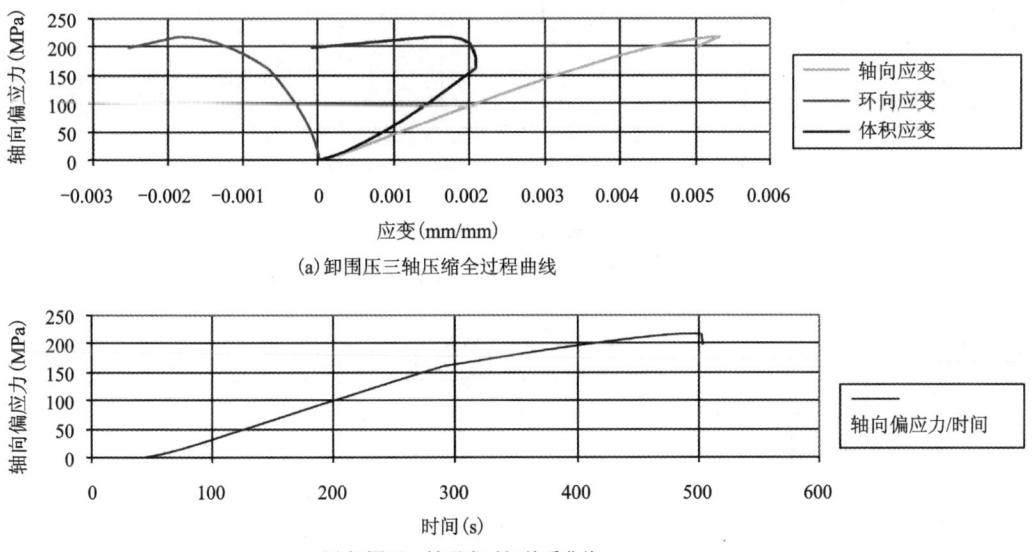

(a)卸围压三轴压缩全过程曲线

(b)卸围压三轴强度时间关系曲线

图 3.16 大理岩 70MPa 起始点卸围压三轴压缩全过程曲线(破坏时刻围压 49.5MPa)

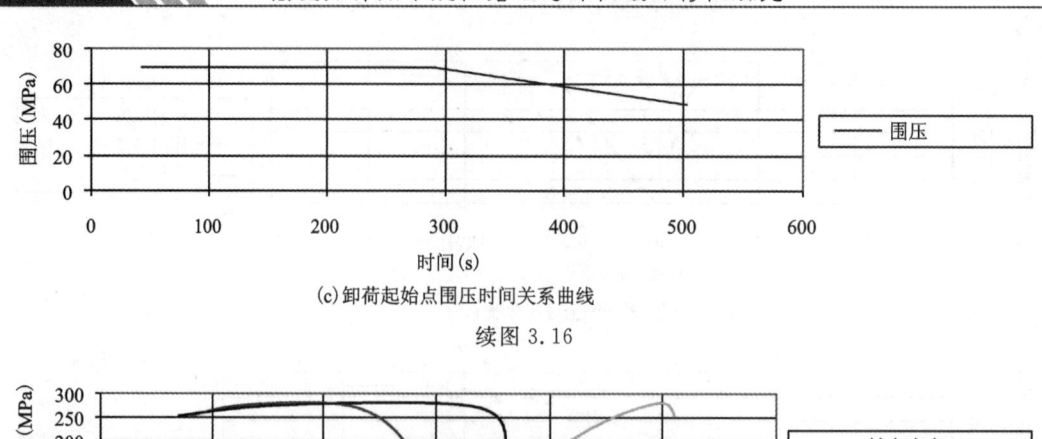

(c) 卸荷起始点围压时间关系曲线

续图 3.16

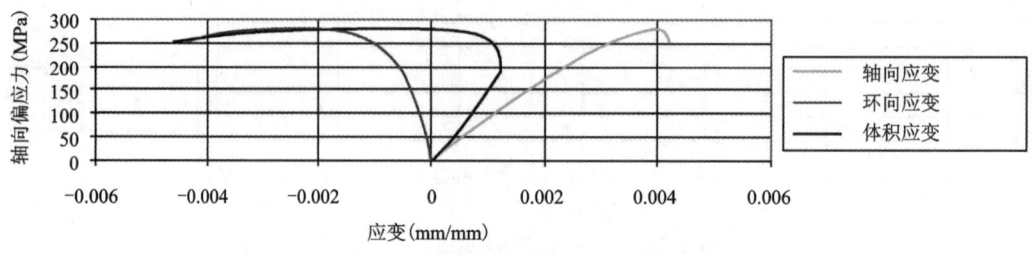

(a) 卸围压三轴压缩全过程曲线

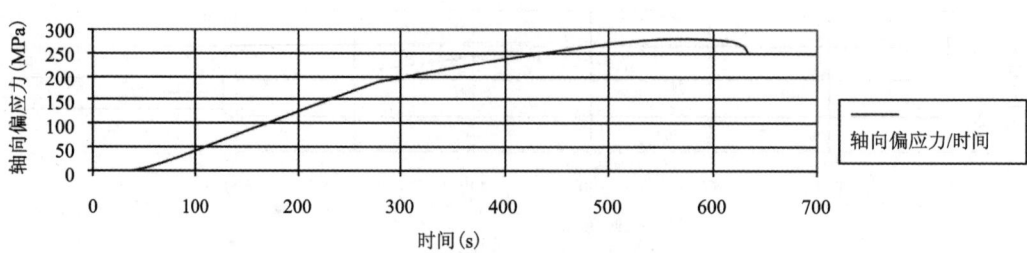

(b) 卸围压三轴强度时间关系曲线

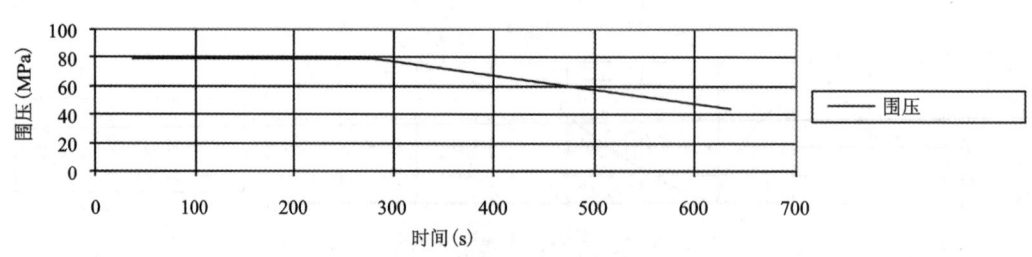

(c) 卸荷起始点围压时间关系曲线

图 3.17 大理岩 80MPa 起始点卸围压三轴压缩全过程曲线（破坏时刻围压 51.0MPa）

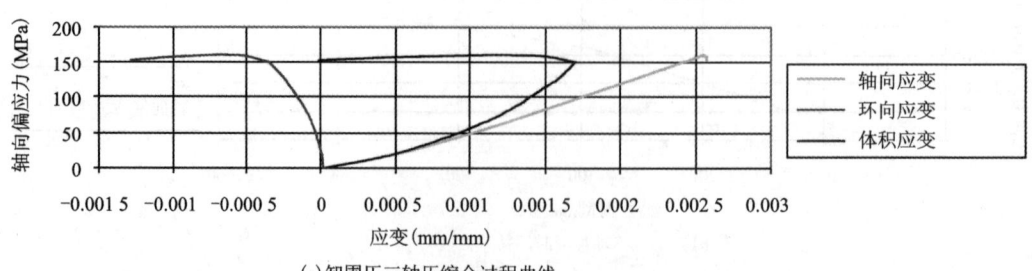

(a) 卸围压三轴压缩全过程曲线

图 3.18 灰岩 10MPa 起始点卸围压三轴压缩全过程曲线（破坏时刻围压 5.59MPa）

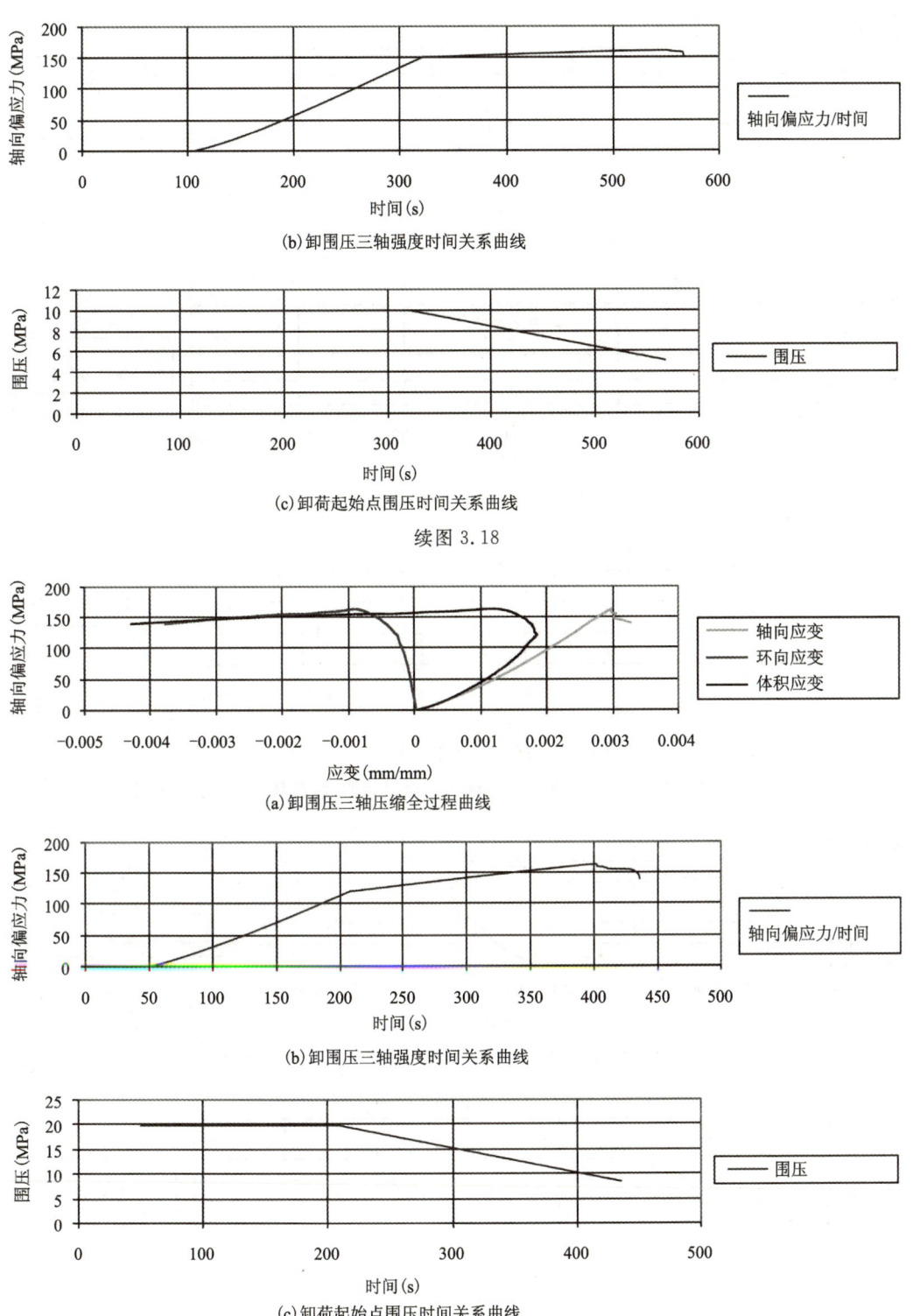

(b) 卸围压三轴强度时间关系曲线

(c) 卸荷起始点围压时间关系曲线

续图 3.18

(a) 卸围压三轴压缩全过程曲线

(b) 卸围压三轴强度时间关系曲线

(c) 卸荷起始点围压时间关系曲线

图 3.19 灰岩 20MPa 起始点卸围压三轴压缩全过程曲线（破坏时刻围压 10.4MPa）

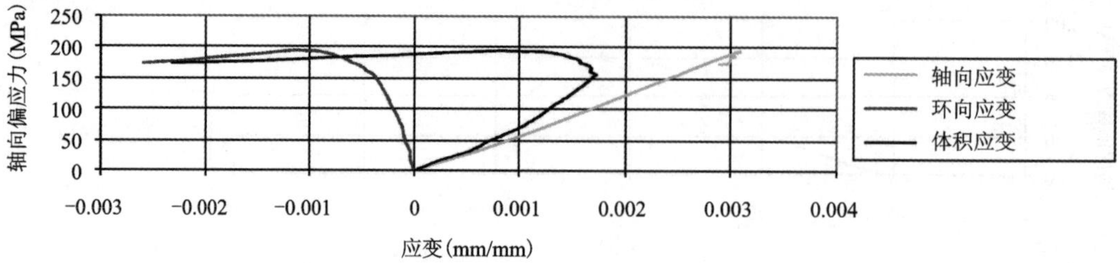

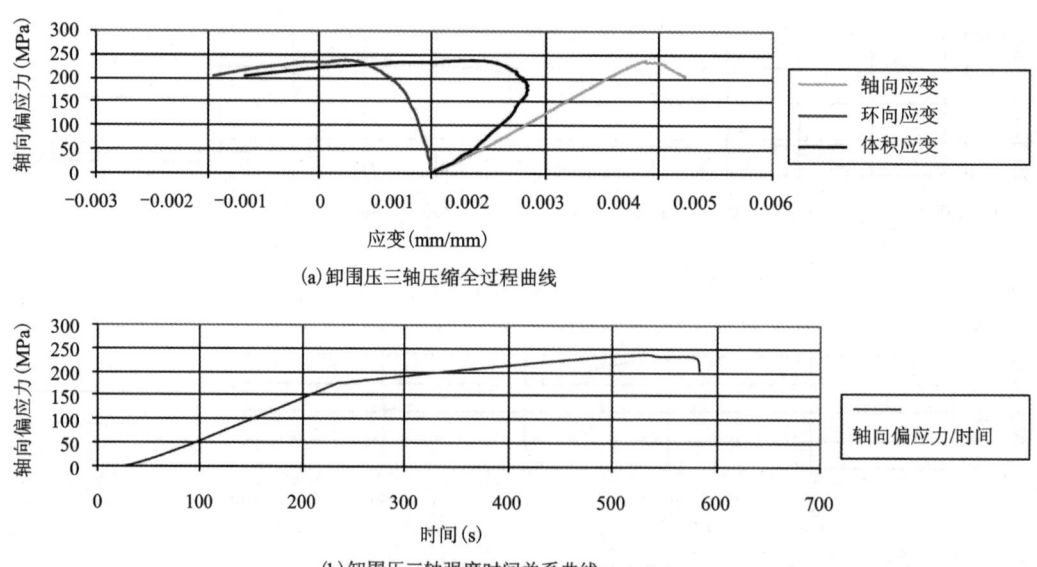

(a) 卸围压三轴压缩全过程曲线

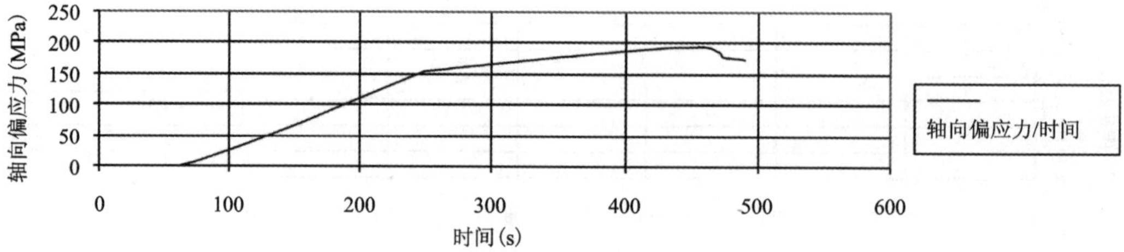

(b) 卸围压三轴强度时间关系曲线

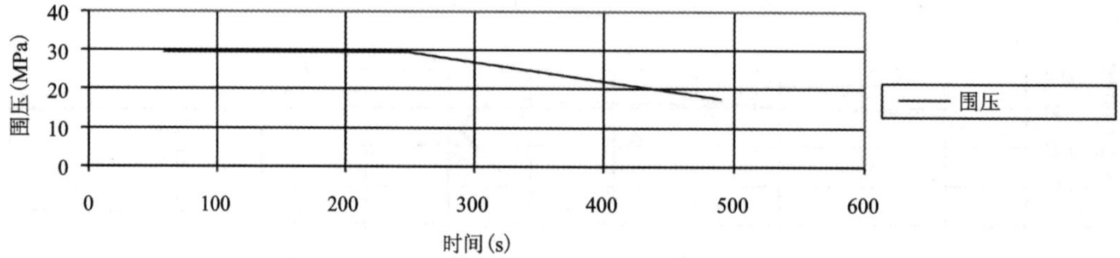

(c) 卸荷起始点围压时间关系曲线

图 3.20　灰岩 30MPa 起始点卸围压三轴压缩全过程曲线（破坏时刻围压 19.7MPa）

(a) 卸围压三轴压缩全过程曲线

(b) 卸围压三轴强度时间关系曲线

图 3.21　灰岩 40MPa 起始点卸围压三轴压缩全过程曲线（破坏时刻围压 25.2MPa）

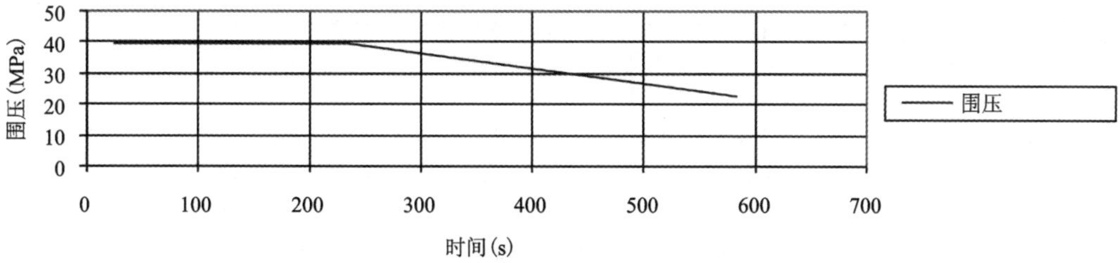

(c)卸荷起始点围压时间关系曲线

续图 3.21

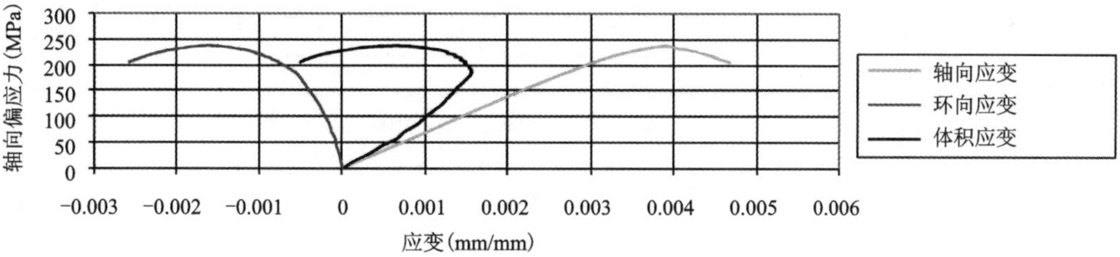

(a)卸围压三轴压缩全过程曲线

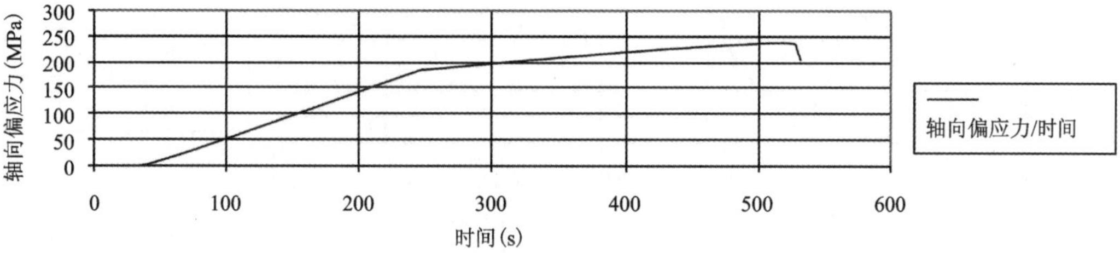

(b)卸围压三轴强度时间关系曲线

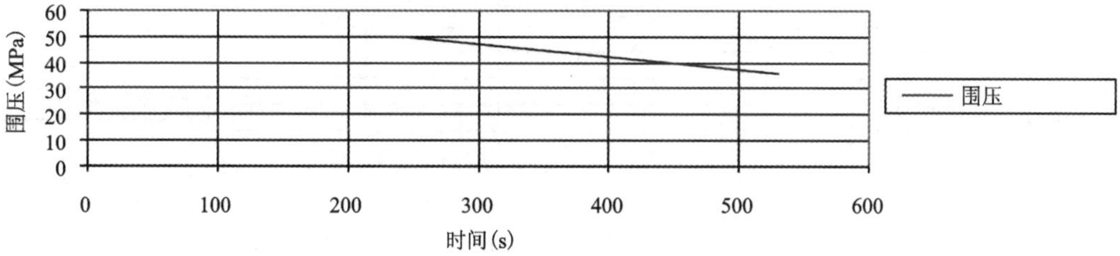

(c)卸荷起始点围压时间关系曲线

图 3.22 灰岩 50MPa 起始点卸围压三轴压缩全过程曲线(破坏时刻围压 36.3MPa)

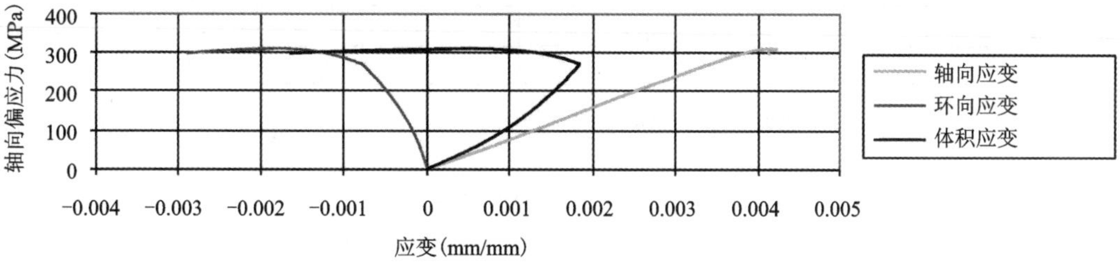

(a)卸围压三轴压缩全过程曲线

图 3.23 灰岩 60MPa 起始点卸围压三轴压缩全过程曲线(破坏时刻围压 36.7MPa)

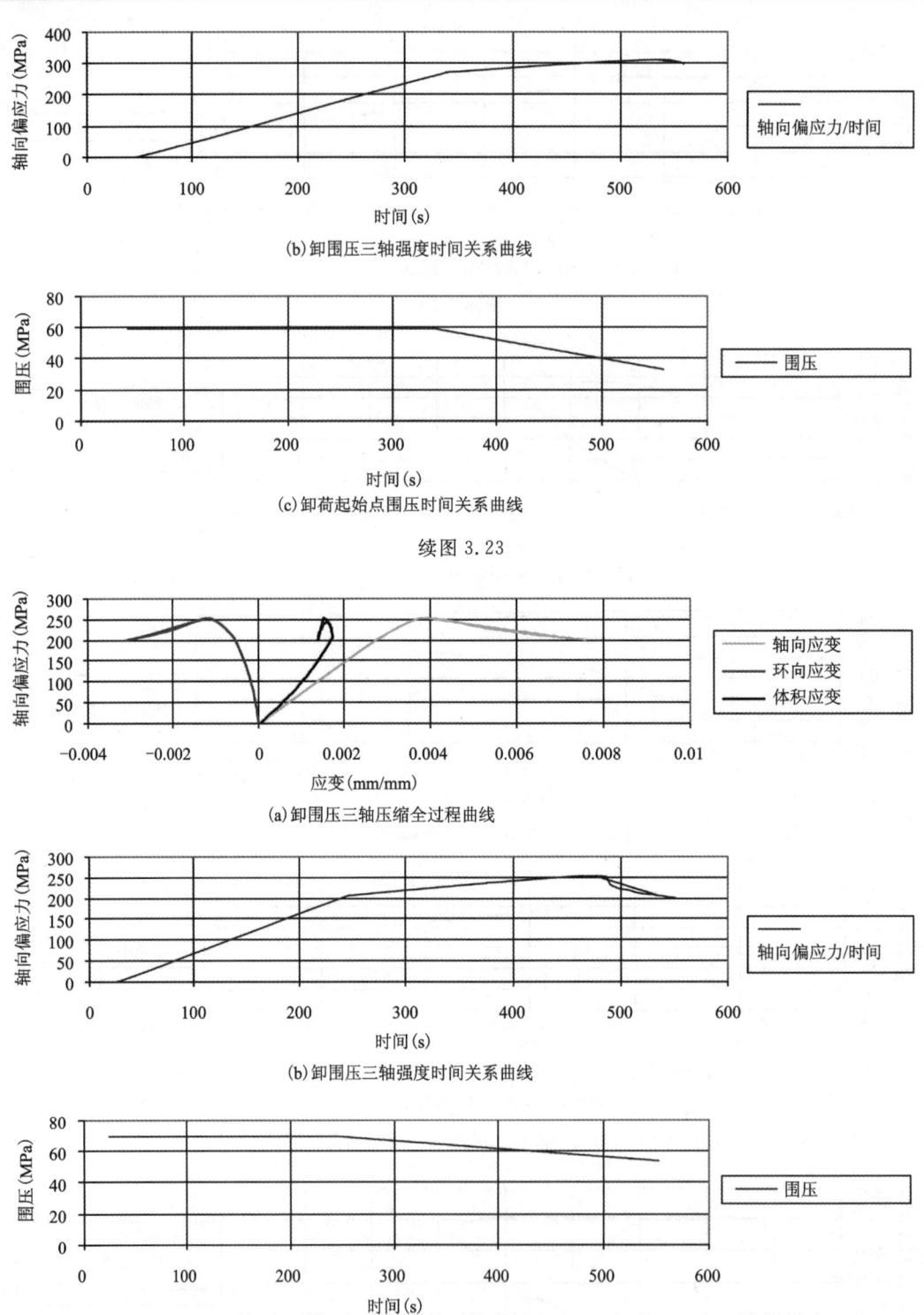

(b) 卸围压三轴强度时间关系曲线

(c) 卸荷起始点围压时间关系曲线

续图 3.23

(a) 卸围压三轴压缩全过程曲线

(b) 卸围压三轴强度时间关系曲线

(c) 卸荷起始点围压时间关系曲线

图 3.24 灰岩 70MPa 起始点卸围压三轴压缩全过程曲线（破坏时刻围压 58.4MPa）

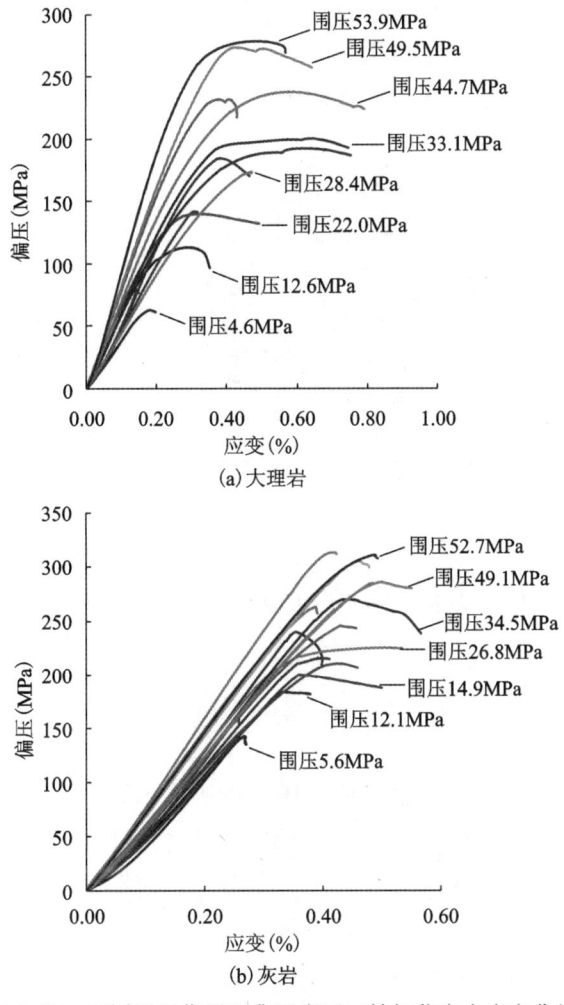

图 3.25 不同围压作用下典型岩石三轴卸荷应力应变曲线

2. 强度特征

大理岩试样在不同初始围压作用下三轴卸荷强度试验结果如图 3.26(a)所示。采用线性的莫尔-库仑强度理论对试验结果进行拟合,得到岩样内摩擦角为 42.6°,黏聚力为 12.5MPa。与三轴加载试验强度参数相比,大理岩试样在卸荷条件下其内摩擦角增大,黏聚力参数减小。由图 3.26(a)可知,在大理岩高应力水平下明显转化为延性,高应力水平下大理岩在破坏后也会产生较大的塑性变形,但在较低应力水平下其应力峰值后的岩样明显表现为脆性;深埋高应力水平下大理岩的盈利水平与强度的关系规律表现出明显的非线性特性。

灰岩试样在不同初始围压作用下三轴卸荷强度试验结果,如图 3.26(b)所示。采用线性的莫尔-库仑强度理论对试验结果进行拟合,得到岩样内摩擦角为 39.5°,黏聚力为 33.1MPa。与三轴加载试验强度参数相比,灰岩试样在卸荷条件下其黏聚力缓慢减小,其内摩擦角缓慢增大,强度参数呈规律的变化。这是因为在卸荷过程中,其裂纹扩展是以向卸载主方向上的张裂扩展的裂纹为主,而压缩试验中,岩石中的裂纹扩展是以压剪变形发展的裂纹破坏为主,以张裂扩展裂纹为主发生破坏的黏聚力显然低于以压剪性扩展裂纹发生破坏的黏聚力值,但以张剪性萌生裂纹导致的破裂面比以压剪性萌生裂纹导致的破裂面要粗糙得多,因此其对应的摩擦角也相对较大。

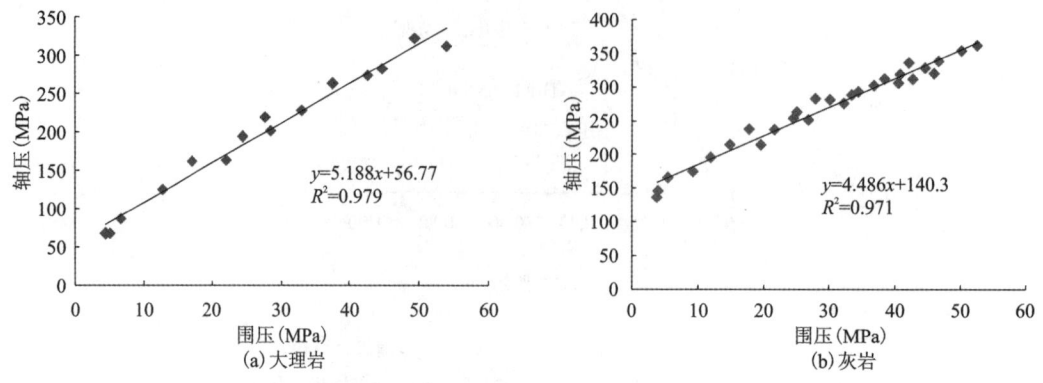

图 3.26　试样在不同初始围压作用下三轴卸荷强度试验结果

3. 破坏模式

大理岩试样不同围压作用下三轴卸荷破坏形式如图 3.27 所示。持续减小围压,在围压减小到破坏点之前,围压应力水平的减小并未引起岩样的整体破坏,其宏观变形模式呈现为明显的侧向膨胀。这是由卸围压应力水平这一特殊的应力路径引起的,持续卸围压导致试样表层产生张裂纹,同时萌生新裂纹,因此新旧裂纹大量涌现并不断向内部扩展,最后导致岩样表层张性破坏裂开,同时剪切面追踪岩样内部先期产生的张裂纹,最后表现为张剪性破裂。在卸荷状态下,岩样的破坏均表现出脆性破坏。卸荷岩石的张拉破裂面通常近乎与层理面平行,破裂性质具有较强的张性破裂特征,同步伴随初始围压应力水平的提高,其屈服形式向剪切破坏过渡,原先为张拉破坏模式,即由原来的张拉性屈服破坏转变为张剪性屈服破坏。

灰岩试样不同围压作用下的三轴卸荷破坏形式如图 3.28 所示,与三轴压缩试验破坏情况相比较,其岩体的屈服程度表现得更为剧烈,由于卸荷萌生更多的裂纹,破碎程度剧烈,从图中可以看出屈服面之间含有许多岩粉,宏观上表现为崩裂的张性翘片;原始围压应力水平越高,强烈卸载,深埋高应力岩体的破碎程度越剧烈,稍不同于加载情况,加载条件下,高围压应力水平下屈服时岩体几乎沿着剪切面破坏;岩样卸荷破坏时呈现明显的侧向膨胀,同时产生侧向裂纹;卸载屈服条件下,产生了大量竖向不同级别的张性裂缝,不仅产生主裂缝,同时萌生了许多新的微张裂纹;随着围压应力水平的提高,剪张破坏屈服特征出现,岩体原始屈服模式为剪切破裂;当围压应力水平继续提高时,张破坏和剪破坏进一步呈现,而且剪性破裂尤为明显。围压应力水平对高应力围岩破坏模式有不同程度的影响,但对灰岩屈服破坏影响更显著的因素是灰岩本身具有的隐性层理。

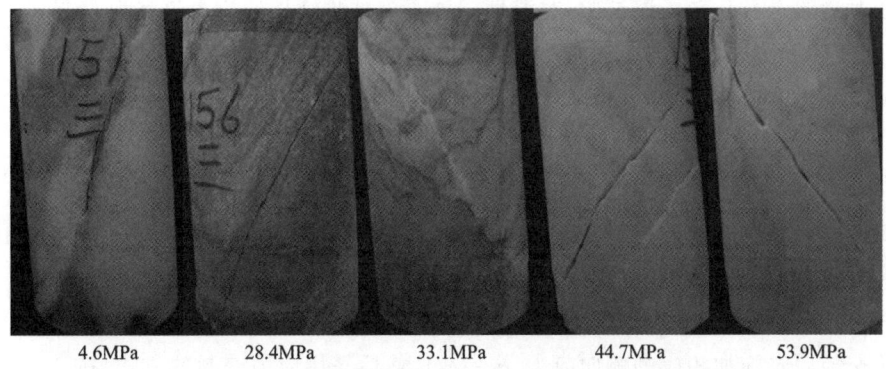

图 3.27　不同围压作用下大理岩三轴卸荷破坏形式

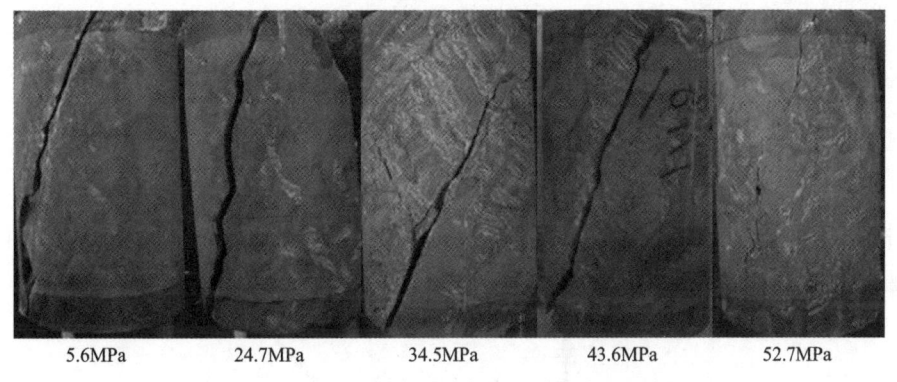

图 3.28　不同围压作用下灰岩三轴卸荷破坏形式

第三节　岩石三轴压缩强度时滞性特性研究

深埋高应力岩石会受到长期荷载的作用。专家学者取得的成果有 Schmidtke 和 Lajtai（2001）分析了两种岩石在和 AECL 核废料储存中程度极为接近的长期荷载力学行为。深埋高应力岩石强度由于长期荷载的作用，其值会受到很大影响，有的强度几乎减小到原瞬时破坏强度 60% 左右。时间和高地应力两大因素严重影响着深埋高地应力岩石的应力强度，破坏的时间依赖于施加荷载的大小。针对大理岩破裂扩展的时间效应开展了时滞性破坏试验，选取代表性的高应力岩石，进行基于 RMT-401 岩石力学试验系统的不同应力路径下的时滞性三轴压缩试验。根据岩石常规三轴压缩试验的研究结果，获取不同围压下的应力峰值，时滞性三轴压缩试验施加的应力值就是该峰值的不同比例，连续加载至峰值前的某一个值（加载值的大小为多种比例的峰值）而后恒定轴压，加载方式为应力控制，持续若干时间后至破坏。根据研究成果，设定加载的大小为 60%～90% 的三轴压缩应力峰值，大理岩连续加载的比例值约为应力峰值的 70% 时，可获得滞后破坏特性。其应力路径分为两种：一是将轴压连续加载到一定的比例峰值后恒定此轴压，观察其强度和变形的变化趋势与特性；二是通过循环加、卸载的方式将轴压加载到一定的比例峰值后恒定此轴压，观察其强度及变形的变化趋势及特性，直至岩石压缩破坏，由此获得不同应力路径下岩石发生时滞性破坏的特征。

通过大量的岩石三轴压缩试验,时滞性三轴压缩试验施加的应力值宜为60%～70%的应力峰值,这样才能获取岩石破坏的滞后特性。获取对岩石应力应变全过程曲线及相应的强度参数随时间变化的关系,从而分析强度和变形的时间效应。

一、试验设备

三轴压缩时滞性试验的主要设备仪器为 RMT-401 岩石力学试验系统。试样采用直径为 50mm,高为 100mm 的圆柱体,在 RMT-401 岩石力学试验系统上进行,选择应力控制方式,控制力速率为 0.5MPa/s,连续施加轴向荷载至一比例值,然后恒定此轴压,直至试样破坏。

试样安装后先施加相应的侧向应力($\sigma_2 = \sigma_3$),然后采用应力控制的方式,按 0.5MPa/s 速率施加轴向应力,直到试样破坏,记录轴向应力值,绘制轴向应力 σ_1 与侧向应力 σ_3 的关系曲线,如图 3.29 所示。

$$\sigma_1 = F\sigma_3 + R \tag{3.1}$$

$$F = \text{tg}\alpha \tag{3.2}$$

式中:F 为 σ_1-σ_3 关系曲线的斜率;R 为 σ_1-σ_3 关系曲线在纵坐标轴上的截距,MPa;α 为 σ_1-σ_3 关系曲线与 σ_3 轴的夹角。

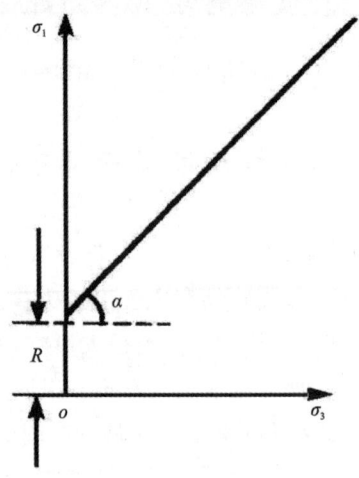

图 3.29 轴向应力 σ_1 与侧向应力 σ_3 关系曲线

三向应力状态岩石抗剪强度参数按下列公式计算:

$$f = \text{tg}\varphi = \frac{F-1}{2\sqrt{F}} \tag{3.3}$$

$$c = \frac{R}{2\sqrt{F}} \tag{3.4}$$

式中:f 为摩擦系数;c 为黏聚力(MPa);φ 为内摩擦角。

二、试验方法

为了研究岩石的三轴时滞性特性,在灰岩和大理岩单轴压缩常规试验的研究基础(获得了不同围压下岩石的三轴强度)上,设定加载值为多种比例的峰值,从而较精确地确定出三轴时滞特性试验的加载大小,本书将此加载值称为加载的比例值。试验分两种应力路径:

(1)连续加载至一个比例值(即峰值前的某一个值),然后恒定轴压,该应力路径下的加载方式为应力控制,在恒定的轴压下持续若干时间后至破坏。岩石在不同加载比例值下,其变形稳定增长的时间从数秒到数天不等。

(2)循环加载至一个比例值(即峰值前的某一个值),持续若干时间后至破坏,轴压通过加、卸载的循环荷载方式施加。大理岩的循环加载的比例值为应力峰值的75%~80%。

三、试验成果分析

加载的比例值宜为60%~80%的应力峰值,这样才能较好地获取岩石破坏的滞后特性。曾有人在这方面做过探索性的试验,但只是将围压最大加到10MPa,也没有具体指出时三轴滞性试验加载比例值。本书最大围压加到40MPa而且施加了不同比例的荷载。

1. 应力应变特征

三轴时滞性试验的应力应变曲线同单轴时滞性试验的应力应变曲线一样,即在应力保持动态恒定时,岩样的轴向应变、环向应变和体积应变均保持增大的趋势,在曲线中表现为"平稳的变形增长段",如图3.30、图3.31所示。表3.2为三轴压缩强度试验不同围压不同历时对岩石强度的影响,表3.3为同一围压下应力强度与历时,可以看出岩石的三轴压缩强度受时间和应力路径的影响,三轴压缩强度随受压时间的增长而降低,循环加载路径下的岩石强度低于连续加载路径下的岩石强度。这说明岩石的三轴压缩强度随损伤时间的延长劣化。

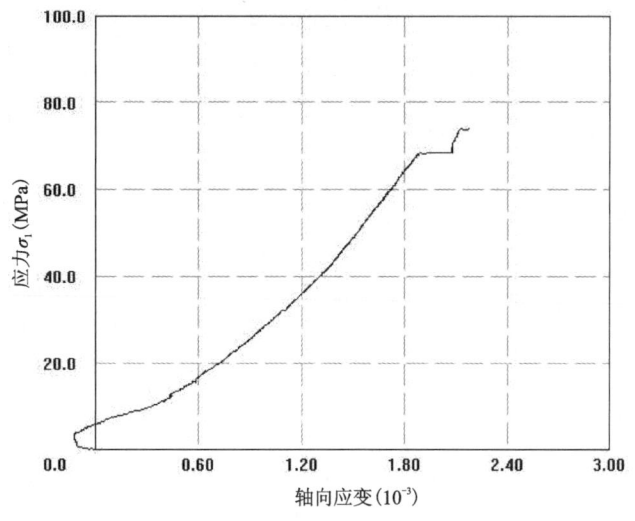

(a)围压为5MPa(编号:162)

图3.30 大理岩时滞性三轴压缩试验全应力应变曲线(连续加载)

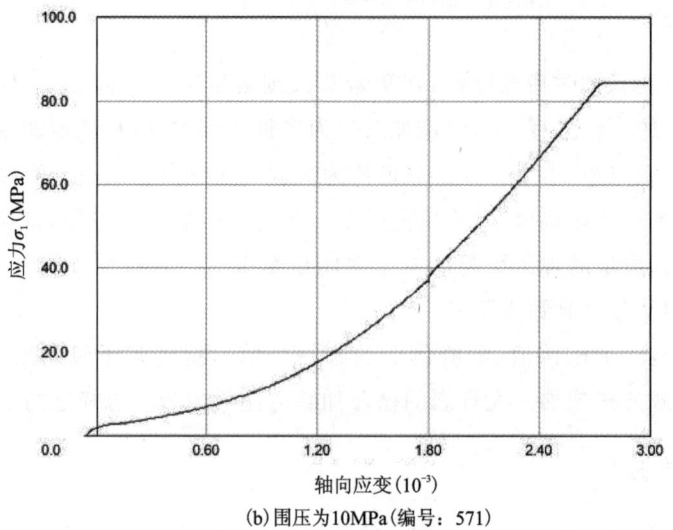
(b) 围压为10MPa(编号：571)

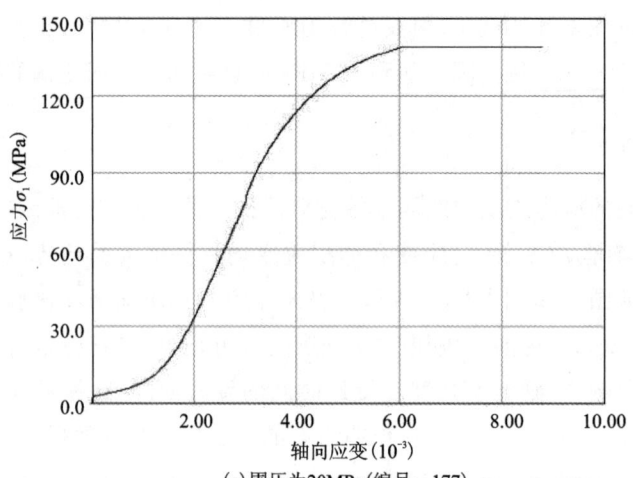
(c) 围压为20MPa(编号：177)

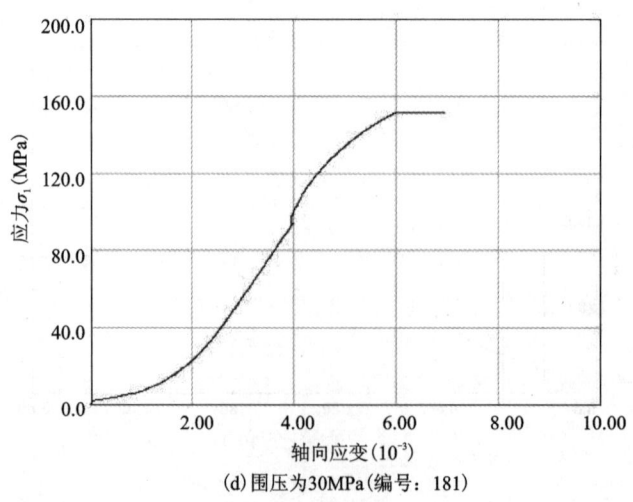
(d) 围压为30MPa(编号：181)

续图3.30

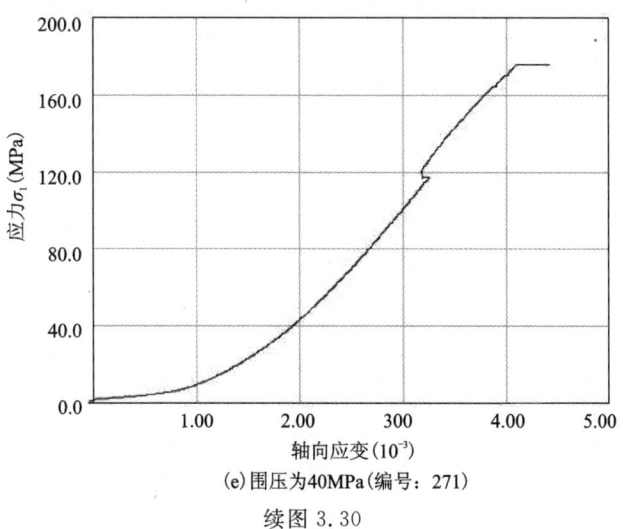

(e)围压为40MPa(编号：271)

续图 3.30

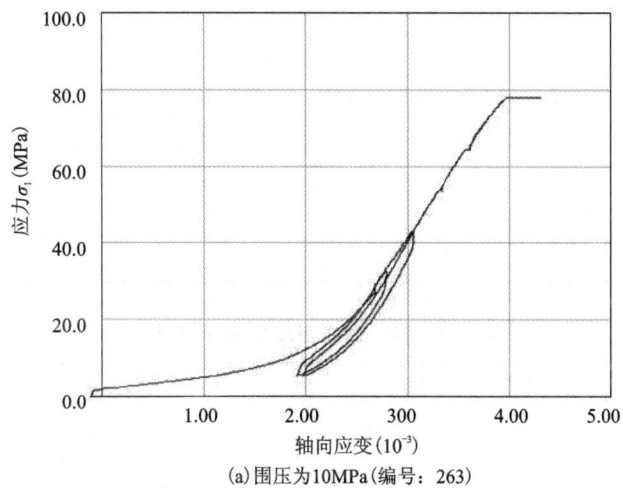

(a)围压为10MPa(编号：263)

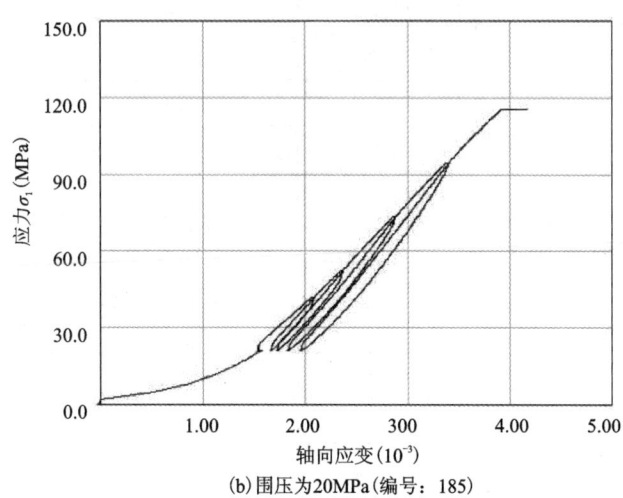

(b)围压为20MPa(编号：185)

图 3.31 大理岩时滞性三轴压缩试验全应力应变曲线(循环加载)

表 3.2　三轴压缩强度试验不同围压不同历时对岩石强度的影响

试验	应力路径	编号	围压 σ_3 (MPa)	偏应力 $\sigma_1-\sigma_3$ (MPa)	σ_1 (MPa)	历时
三轴压缩试验	连续加载	173	5	109	114	数秒
		174	10	109	119	数秒
		226	20	168	188	数秒
		274	30	177	207	数秒
		267	40	279	319	数秒
	循环加、卸载	159	10	105	115	数秒
		193	20	264	284	数秒
		189	30	172	202	数秒
		182	40	303	343	数秒
时滞性三轴压缩试验	连续加载	162	5	68.7	73.7	7.6h
		571	10	74.3	84.3	6.1h
		177	20	112	132	5.0h
		181	30	122	152	7.9h
		271	40	135	175	7.54h
	循环加、卸载	263	10	77.0	78.0	7.5h
		185	20	95.0	115	6.3h

表 3.3　同一围压下应力强度与历时

试验	应力路径	围压 σ_3 (MPa)	偏应力 $\sigma_1-\sigma_3$ (MPa)	σ_1 (MPa)	历时 (h)
时滞性三轴压缩试验	连续加载	30	130	160	5.0
		30	124	154	7.0
		30	119	149	10.0
		30	116	146	12.5
		30	114	144	15.8
		30	110	140	20.4
		30	106	136	23.6
		30	100	130	29.0
		30	96.0	126	32.0
		30	93.0	123	35.0
		30	89.0	119	38.0
		30	86.0	116	96.0
		30	82.0	112	240.0
		30	80.0	110	480.0

2. 强度特征

大理岩试样在各级围压作用下的三轴压缩强度试验和时滞性三轴压缩强度试验下的岩石强度参数结果如表3.4所示。采用线性的莫尔-库仑强度理论对试验结果进行拟合,时滞性三轴压缩强度试验得到的 c 和 φ 均低于三轴压缩强度试验得到的强度值。连续加载应力路径下试样内摩擦角由 46.9°降为 28.7°,黏聚力由 29.3MPa 降为 19.6MPa;时滞性三轴压缩强度试验得到的 c 和 φ 的增量分别为 -33.1% 和 -14.7%。c 和 φ 明显地受时间滞后破坏影响。图 3.32 为破坏驱动应力水平[驱动应力水平为 $\sigma/\sigma_c = (\sigma_1 - P)/(\sigma_f - P)$,其中 σ_1 为施加的轴向应力,P 为施加的围压值,σ_f 为三轴压缩试验中测得的应力峰值]随岩石破坏所需时间的关系曲线,将该曲线进行外延,从而获取相对较低的破坏驱动应力水平下岩石破坏所需滞后时间的预测;图 3.33 为驱动应力水平随时间对数的关系曲线,为了对比数据,破坏曲线纵坐标采用破坏时间 t_f 的对数,而横坐标采用驱动应力水平。由图 3.32 可知,不同的驱动应力水平跟时间的关系曲线可用指数函数来模拟;由图 3.33 可知,在高驱动应力水平阶段,模型曲线接近于无穷小,意味着瞬间破坏;在低驱动应力水平阶段,模型曲线趋向于无穷大,意味着破坏需要很长时间;如果将破坏需要无限长时间的驱动应力水平称为破坏驱动应力水平的极限值 $(\sigma/\sigma_c)_{lim}$,该值趋近于 0.55,对应的大理岩三轴压缩的长期强度为 113MPa;将此拟合曲线关系进行外延,可以获取相对较低破坏驱动应力水平下岩石破坏所需滞后时间的预测。由图 3.32 和图 3.33 可知,当达到破坏驱动应力水平的极限值 0.55 以后,岩石强度随受损时间的延长而降低,这说明岩石强度随时间延长有损伤劣化。

表 3.4 大理岩在各级围压下三轴压缩强度试验与时滞性三轴压缩强度试验下的岩石强度参数
(围压为 10~40MPa)

岩性	风化程度	试验类型	应力路径	强度参数		增量百分比	
				c(MPa)	φ(°)	c(%)	φ(%)
大理岩	微风化	三轴压缩强度试验	连续加载	29.3	37.8	-33.1	12.9
		时滞性三轴压缩强度试验	连续加载	19.6	42.7		

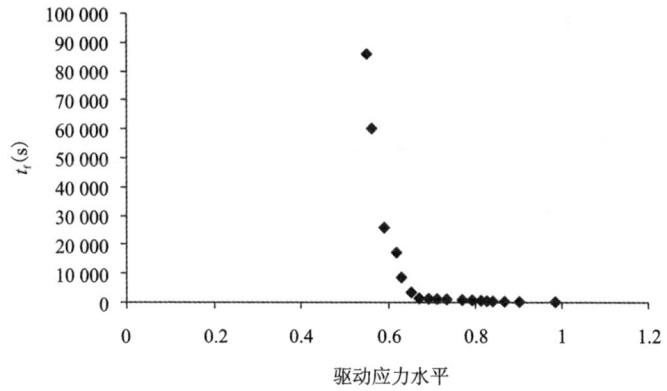

图 3.32 $(\sigma_1 - P)/(\sigma_f - P)$ 与 t 的关系曲线

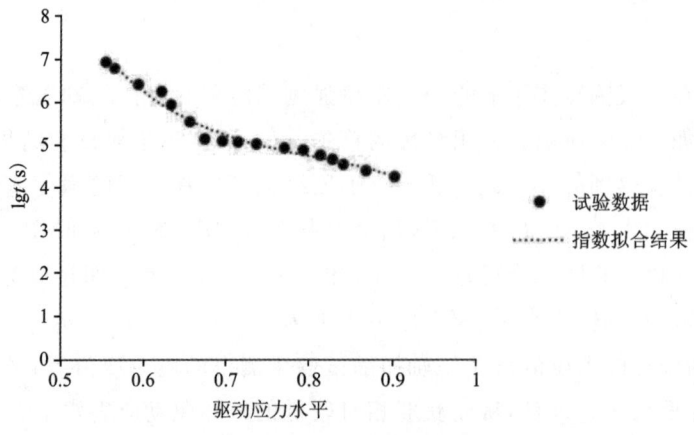

图 3.33　$(\sigma_1-P)/(\sigma_f-P)$ 与 $\lg t$ 的关系曲线

深埋地下洞室高应力岩体在实际工程中开挖卸荷受到损伤,一定区域内的岩体参数受到极大影响,其参数特性随之劣化,岩体力学参数由开挖前的初始值劣化为开挖后的残余值。为了较合理地模拟开挖前后参数演化的过程,需选取合理的变化函数。统计大量的试验结果得到,力学参数随损伤时间的变化关系可以用曲线段表示,力学参数劣化过程如图3.34所示;深埋地下洞室高应力岩体开挖前的弹模为初始弹性模量 E_0,该值可根据常规试验获得;深埋地

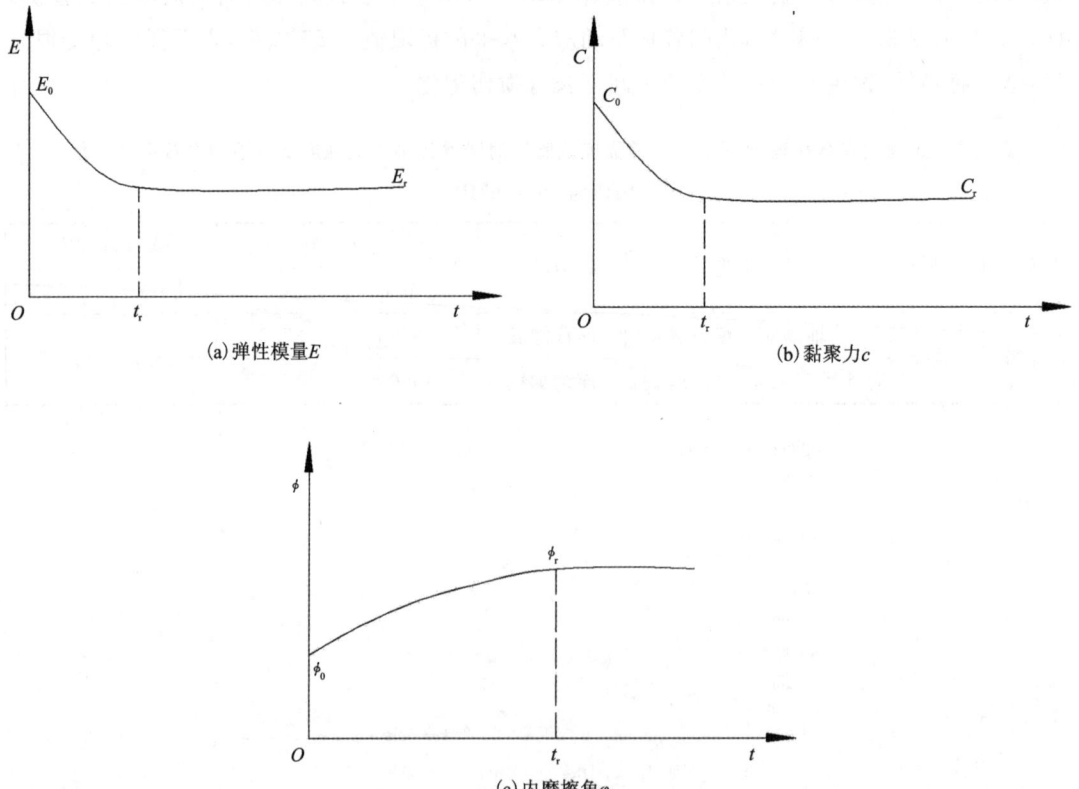

图 3.34　损伤区内强度参数 c 和 φ 随时间 t 劣化的关系曲线

下洞室高应力岩体开挖后受到损伤的弹性模量为 E_r,该弹性模量 E_r 可以根据试验或现场观察确定;深埋地下洞室高应力岩体开挖前岩体的黏聚力为初始黏聚力 c_0;深埋地下洞室高应力岩体开挖后岩体的黏聚力为残余黏聚力 c_r,该残余黏聚力可根据常规室内试验获取;深埋地下洞室高应力岩体开挖前的岩体的内摩擦角为初始内摩擦角 φ_0,深埋地下洞室高应力岩体开挖后岩体的内摩擦角为受损后的内摩擦角 φ_r,该内摩擦角 φ_r 的大小与岩体性质和矿物结构有关。

3. 宏观破坏特征

在时滞性三轴压缩试验中,试验后的岩样宏观破坏模式为萌生的裂纹成规律地扩展,而且具有方向性;表层的裂纹逐渐向内部扩展,衍生成大量的片状碎屑,同时伴随有大块的破坏,裂纹的扩展均沿着轴向演化(图 3.35),少于单轴时滞性试验中岩样破坏产生的片状碎屑,这可能是由于三轴试验中围压存在的原因,故岩样宏观上表现出明显的侧向膨胀弱于单轴时滞性试验中岩样的侧向膨胀。以岩样 162 为例,试验前岩样表面无明显裂纹,在加压至 73.7MPa 并保持此加载应力,变形平稳地增长,直至岩样发生破坏,岩样破坏后不仅形成竖向裂纹和片状碎屑,出现大块的破坏。在时滞性三轴压缩试验中,岩石所表现出的宏观破坏特征与现场硬质岩在开挖时出现的岩爆中岩石破坏特征相似,即岩体有剥离和掉块现象,新生裂缝较多。

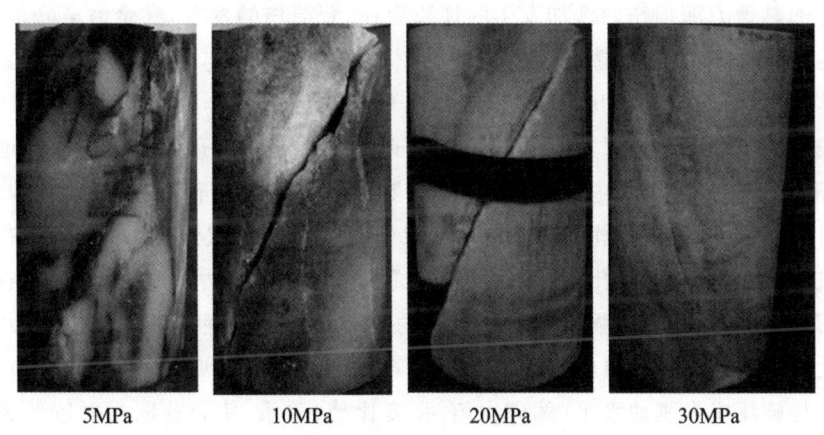

图 3.35 大理岩时滞性三轴压缩试验破坏模式

第四节 本章小结

本书开展了高应力岩石在不同应力状态和不同应力路径下的三轴压缩强度试验、三轴卸荷强度试验和时滞性三轴压缩强度试验研究,得出如下结论:

(1)针对高地应力条件下地下洞室典型脆性围岩大理岩与灰岩试样,开展了基于 MTS 系统的不同应力状态(低围压、中围压、高围压)下的岩石三轴压缩加、卸载破坏试验,分析了不同围压范围与不同应力路径条件下岩石的强度特征,探讨了常规应力水平和高应力水平下岩石强度与变形特性的差异性。结果表明,大理岩与灰岩在低围压加载路径下均表现出较为明显的脆性,且随着围压的逐渐增大表现出一定的延性特征;相对于加载路径岩石在卸载应力路径下峰后脆性更为显著,与三轴加载强度参数相比,两种岩石的三轴卸载强度参数均表现为内摩擦角增加及黏聚力降低的一致性规律。

(2)岩石在高应力条件下强度表现出显著的非线性特征,在围压范围很大的情况下,线性的强度准则无法准确描述岩石从低围压到高围压的强度变化规律。基于莫尔-库仑强度准则对岩石分别在低、中、高围压段下的强度特征进行拟合分析,得到不同围压范围段的强度参数相互间的差异性较大,表明高应力条件下随着围压的变化强度参数并非一个恒定的常量。Hoek-Brown 准则、幂函数型准则等非线性强度准则对描述高应力条件下岩石强度的非线性特征具有优势,能够较好地反映从低围压到高围压岩石的强度特性变化规律。

(3)循环加、卸载对岩石的裂纹发展是不可逆的,若以岩石循环加、卸载试验获取的不可逆的裂纹应变累计值作为岩石损伤的度量,随损伤变量的增加,岩石弹性模量、损伤强度和峰值强度均会下降,但损伤变量达到至某值后,损伤强度会迅速降低,而峰值强度随着损伤累积仍会保持增加然后缓慢降低。

(4)时滞性三轴压缩试验结果表明,岩石在有围压的时滞性破坏试验中均为小变形的脆性破坏,且表现出明显的时滞性破坏特征,试验中岩样破坏的滞后时间甚至达到数小时甚至数天,围压使岩石破坏的滞后时间大大增加;在高应力下,随着损伤时间的延长,岩石强度参数内摩擦角和黏聚力随损伤的增加发生的规律为:随着损伤的发展,黏聚力从峰值迅速下降,并很快到达残余极限值;内摩擦角随着损伤的累积经历了一个与黏聚力变化不同的过程,即并非直接迅速下降,而是先经历一个增加阶段,然后再经历一个减小阶段,最后达到其残余值。研究成果对于揭示脆性岩石强度破坏机制具有重要的理论意义。与时滞性单轴压缩试验一样,时滞性三轴压缩试验中,试验后的岩样宏观破坏模式为萌生的裂纹成规律地扩展,而且具有方向性;表层的裂纹逐渐向内部扩展,衍生成大量的片状碎屑,同时伴随有大块的破坏,裂纹的扩展均沿着轴向演化,缘于深埋高应力岩石所处的应力环境,其周围存在围压应力水平,故岩石时滞性破坏有增强的趋势。岩石的时滞性破坏机理是一个非常复杂的问题,工程中硬脆性围岩的时滞性岩爆深刻地反映了岩石材料破坏的时滞性行为。同时获取岩石破坏所需时间与破坏应力驱动水平(偏应力值/强度比值)关系,从而获取相对较低破坏驱动应力水平下岩石破坏所需滞后时间的预测。

(5)通过时滞性三轴压缩试验研究,获取了时滞性三轴压缩试验中脆性岩石的应力强度随损伤时间变化的关系及岩石破坏所需时间与破坏应力驱动水平(偏应力值/强度比值)之间的关系,并分别拟合了应力强度和破坏驱动应力水平随损伤时间变化的关系曲线。通过分析应力强度随时间的变化曲线及岩石破坏所需的时间与破坏驱动应力水平的关系曲线得到:在高驱动应力水平阶段,模型曲线接近于无穷小,意味着瞬间破坏;在低驱动应力比阶段,模型曲线趋向于无穷大,意味着破坏需要很长时间;如果将破坏需要无限长时间的驱动应力水平称为破坏驱动应力水平的极限值,该值趋近于 0.55,将此拟合曲线关系进行外延,可以预测相对较低破坏驱动应力水平下岩石破坏所需滞后时间;当达到破坏驱动应力水平的极限值 0.55 以后,岩石强度随受损时间的延长而降低,故岩石的强度随时间延长有损伤劣化作用。

第四章　高应力脆性岩石加、卸载破坏机理的微细观试验研究

我国的水电工程一般位于西南部山区,地下厂房埋深大,地应力也特别高,深部岩体的力学行为与浅部岩石有显著的区别,明确其变形破裂机理是迫切需要解决的科学问题。最大主应力量级为 20MPa$<\sigma_{max}\leqslant$40MPa 或岩石强度应力比为 $2<R_c/\sigma_{max}<4$ 属高地应力;最大主应力量级为 $\sigma_{max}\geqslant 40$ 或岩石强度应力比<2 属极高地应力。本书前面章节已选取高应力脆性岩石大理岩和灰岩为对象,开展低围压、中围压、高围压下围岩的三轴压缩加、卸载破坏试验,分析不同围压范围、不同应力路径下岩石强度参数的变化规律,研究高应力条件下围岩非线性强度特征。本章在前文研究的基础上,开展围岩试样加、卸载破裂断口的电镜扫描试验,分析不同应力路径下岩石断口形貌与内部微裂纹扩展规律,从微细观角度揭示岩石宏观三轴破裂机制;采用德国西门子 Sensation-40 型 X 射线螺旋 CT 试验仪,对围岩试样不同断面进行 CT 扫描,基于 CT 图像三维重构技术,直观再现岩样破裂面的空间形态,研究不同应力路径下围岩试样的破裂模式;在岩样的单轴压缩试验和三轴压缩试验中全程配备声发射测试,获取试验全过程中采集的声发射事件与应力应变曲线和声发射事件与轴向应力间的关系曲线,分析岩样宏观微观破坏模式和形态。

第一节　岩石破裂断口的微观 SEM 试验研究

岩石力学研究中的一个重要领域就是研究岩石微细观破裂机理。一般认为岩石的变形破坏首先是从微裂纹启裂开始的,随着微裂纹的扩展、贯通,最终导致岩石的变形破坏。本章采用 SEM 耦合三轴加、卸载试验,观察试验中岩石样本断口的产生与发展,以此获得不同应力水平下岩石的破裂机制。通过对加、卸载试验过程中破裂岩样断口的微细观分析,研究岩样外在形貌表现与内部微缺陷损伤的关系,从岩样微细观角度来研究岩石在三轴压力作用下的损伤破裂机制,从而建立岩石微细观损伤机理与宏观破坏机理分析的研究渠道。

试验选取的岩样为锦屏水电站的大理岩和灰岩,加荷条件下的岩样为 2 组,卸荷条件下的岩样为 2 组,一共是 4 组岩样进行断口电镜扫描。设备为 FEI 公司生产的 Quanta200 型环境扫描电子显微镜(图 4.1)。首选对两种岩样进行加、卸载试验,待试验完成后,将岩样送到实验室,进行 SEM 扫描分析,对其破坏断口进行细观分析,寻求这两种岩石在加、卸载工程中的破坏机制。图 4.2、图 4.3 分别为灰岩加载和卸荷破坏断口不同倍数下电镜扫描图。

图 4.1　Quanta200 型环境扫描电子显微镜

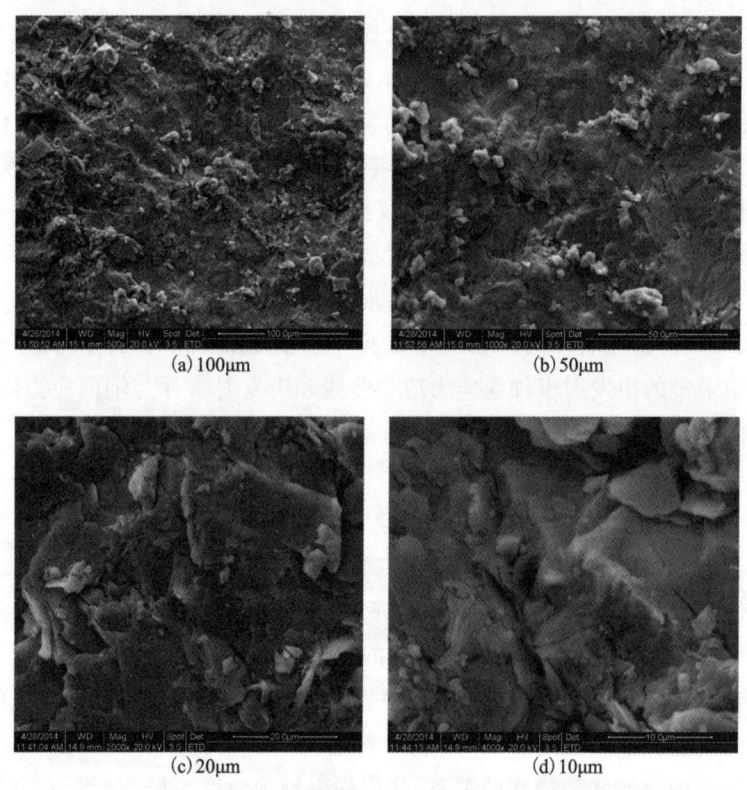

图 4.2　灰岩加载破坏断口不同倍数下电镜扫描图

从图 4.2、图 4.3 中看出，由于灰岩试样存在板理化构造，其在加、卸载条件下主要表现为较为明显的脆性破裂形式，灰岩胶结程度较差，岩样本身具有缺陷，节理裂隙发育，可见较为明显的层理面，层理面上结晶矿物成分不均一，矿物颗粒之间咬合程度较差，在外荷载作用下，表现更多的是岩样内部层理面之间的滑动，主要是由剪切应力而产生的断裂，为压剪状态下微孔裂纹聚集型断裂形式。岩石破裂面大部分呈楔形，而且可以清楚看到楔形破裂面上的擦痕，破裂面上的矿物具有同滑坡中滑带土类似的定向排列效应。沿岩石破裂面可见磨损的

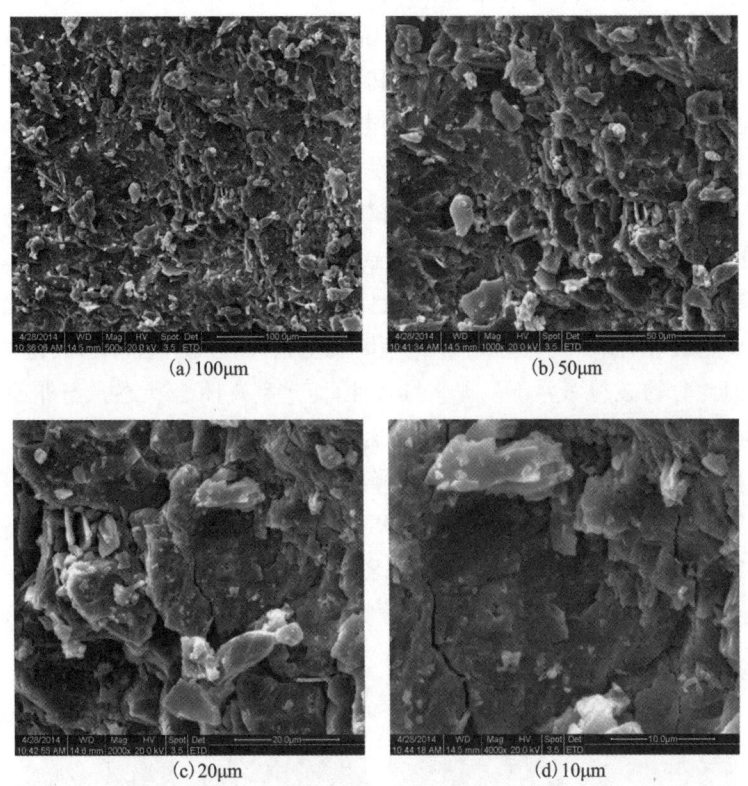

图 4.3 灰岩卸荷破坏断口不同倍数下电镜扫描图

断晶集合体,表现出加、卸荷应力下的定向揉搓形貌,岩样中的原始节理裂隙被断裂晶体颗粒充填,岩样出现微裂纹,该裂纹沿着特定的方向发育。在高应力卸荷应力路径下灰岩试样主要表现为拉剪状态下沿非显性层理面间或沿其他类型结构面的解理断裂,也可能表现为沿晶断裂或者是两者之间的相互耦合形式。在高应力卸荷路径下岩样损伤破坏会出现裂纹扩展及滑移,从电镜扫描照片中可以清楚观察到裂纹扩展和滑移沿方解石或石英解理面拉断裂,主要原因是某些节理面与裂纹发展方向垂直,节理面被裂纹切断在拉应力作用下发生分离而破坏,但是其破坏微裂纹的发展并不是定向分布的,而是随机分布的,这些裂纹启裂点大多沿着岩样的原始缺陷扩展开来,不具各向同性特征,而是呈现各向异性特征。部分细小断面表现出细腻平滑特征,断面上原始或是次生裂纹发育,断面光滑,未充填矿物颗粒。说明微细观裂纹从孕育到发展直到最终形成贯通面,主要细观裂纹不是呈现闭合状态,而是以张开状态为主;最大剪应力作用方向与主裂隙面平行,这些裂纹均表现为张拉特性,说明岩样的损伤破坏是张拉破坏,主要表现为裂纹张拉而扩张直至最后贯通。

大理岩岩样在加、卸载应力路径完成后典型的断口显微照片如图4.4、图4.5所示。仔细观察这些典型的断口照片,可以看到其微细观形貌特征,很容易观察到岩样之所以发生破坏是岩石材料本身有缺陷,岩样本身并不均一,在长期应力作用下损伤不断积累,最终导致破坏。大理岩破坏断口的显微照片表明,大理岩的破坏实际上是在加荷载作用下岩样内部的矿物晶体产生滑移运动以及矿物晶体沿着本身的解理面产生位移所导致的。大理岩岩样的胶结形式为钙质胶结,该胶结发生在晶体之间,在缺陷孔隙中未充填任何胶结物。大理岩岩样解理发育,矿物晶粒间有明显的受过挤压的物质,由此说明所取岩样本身已经具有损伤变形,可能是在漫长的地质年代地球板块运动或是其他地质构造导致原生岩石受到过挤压或拉张变形,岩样存在缺陷孔洞,节理裂隙发育,解理断口清晰。由于岩样曾受到过扰动,具有初始损伤,因此在新的荷载作用下,矿物颗粒极易发生滑动,解理面也极易发生位错,通过滑动和位错达到新的平衡状态。和其他岩石一样,加载初期大理岩岩样的变形模量呈增加趋势,这是因为原生缺陷孔隙在外力作用下被压密所致。在荷载不大的情况下,一般不会产生微裂纹,当然不排除少数矿物晶体发生界面搓动从而产生少量裂纹。随着荷载的逐步增大,矿物晶体胶结物质发生破坏,晶体失去胶结物的保护发生破碎,在此情况下,大量微裂纹出现、发展直至贯通。但此时的破裂面并不呈现张拉特性,而是呈现闭合状态。当外部荷载进一步增大时,裂纹本身发生变化,裂纹的尖端扩展迅速,主要裂纹迅速发生汇合从而形成更大的裂纹,裂纹面积增大,导致岩石强度显著降低。峰值强度过后,试样进入软化阶段,主要微裂纹变宽变粗,并沿着解理面产生滑移,与此同时次要裂纹发生闭合,最终消失,当主要裂纹发生、发展直至贯通后,岩样就会发生破坏。综上来看,大理岩在卸荷条件下其微观破裂机制并不是一样的,是存在差异的。但总的来说,大理岩试样在卸荷条件下是以拉剪破坏为主的。

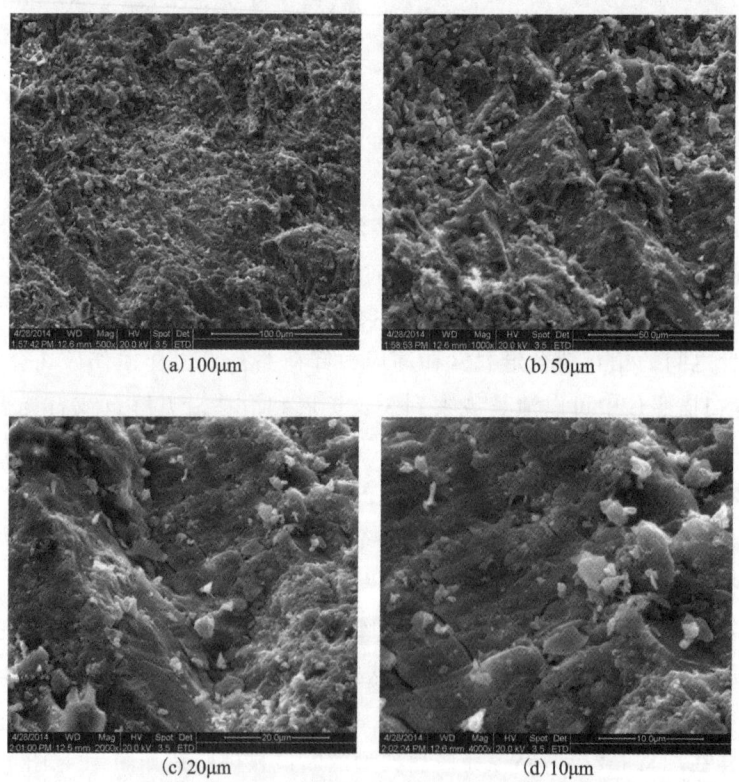

图 4.4 大理岩加载破坏断口不同倍数下电镜扫描图

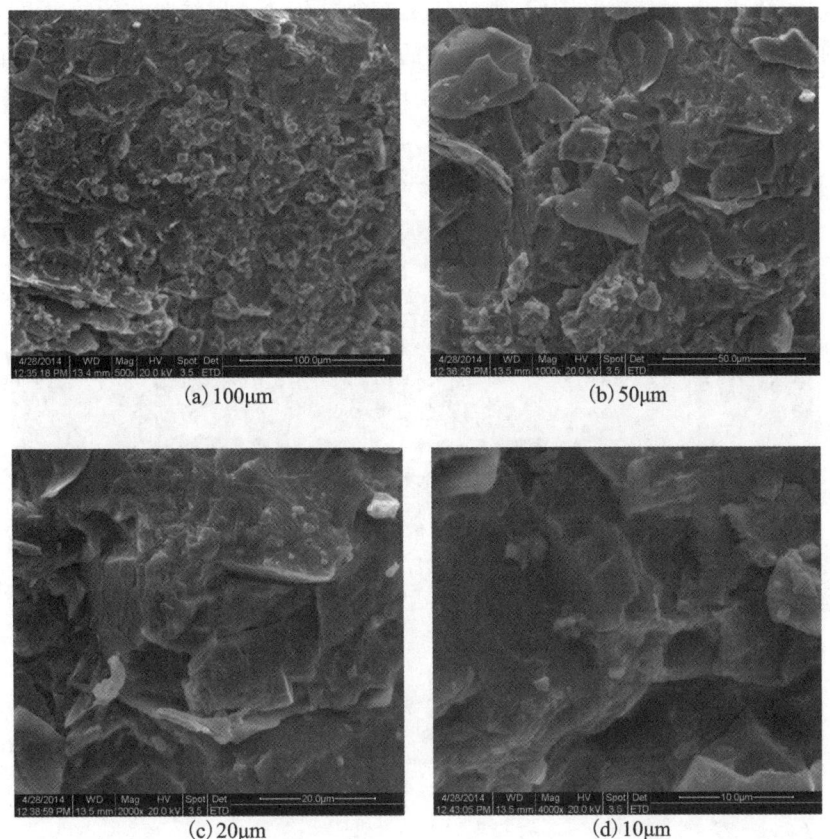

图 4.5 大理岩卸荷破坏断口不同倍数下电镜扫描图

第二节 岩石加、卸荷破裂的 CT 扫描研究

应用 CT 技术研究岩石内部裂纹演化过程是当前试验岩石力学的研究热点之一,作为一种无损检测技术,它可以动态、定量地评价材料力学性能。当前,国内外已有不少岩石力学学者开展了 CT 技术的研究,并取得了丰硕的研究成果,这些成果对于推动岩石力学微细观研究发挥了重大作用,特别是对于推动深埋地下岩体的微细观研究意义重大。

笔者采用长江科学院的 Somatom CT 系统,图 4.6 中 CT 机由德国西门子公司生产,仪器型号为 Sensation-40 型医用螺旋 CT 机。

CT 的发明者 Hounsfield 将 CT 的定量描述参数定义为 CT 数,又称 Hounsfied 数,简称 H。Hounsfield 将空气 CT 数定义为 -1000、水 CT 数定义为 0、冰 CT 数定义为 -100,被检测物体对 X 射线的吸收系数与 CT 数之间的换算关系为:

$$H = (\mu_t - \mu_w)/\mu_w \times 1000 \tag{4.1}$$

式中:H 为 CT 数;μ_t 为被检测矿物的 X 射线线性吸收系数;μ_w 为水的 X 射线线性吸收系数。

岩石CT图像实质上是数字图像,表征的是整个岩石对X射线吸收的程度,CT数就是每一像素点的值。CT图像的灰度表示了CT数的大小,根据Hounsfied的定义,岩石密度与其对应的CT数成正比,CT图像越亮表示岩石密度越高区,CT图像越暗表示岩石密度越低。

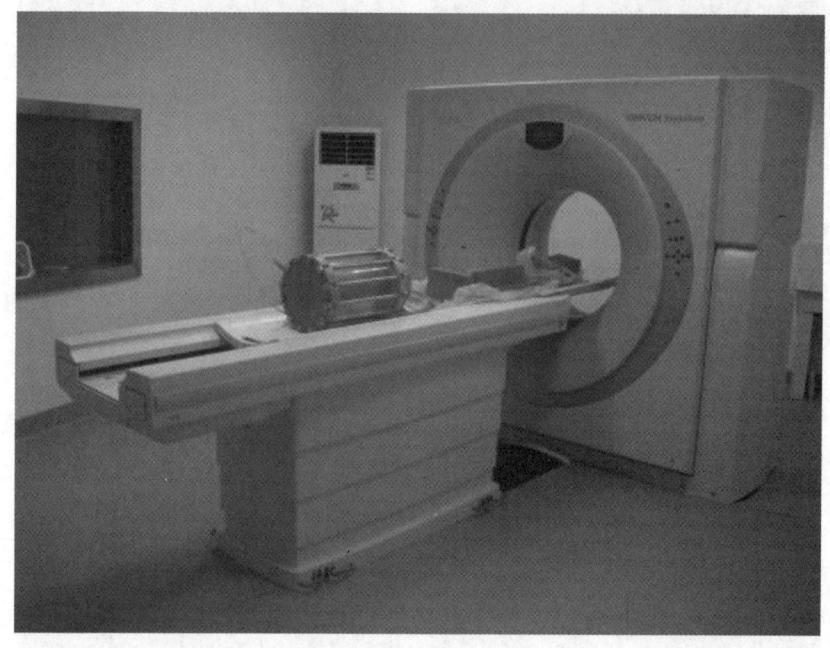

图4.6 CT机

图4.7为典型灰岩试样三轴加载破坏形式CT断面扫描图,高应力条件下三轴加载破坏时岩体基本沿着一条剪切面破坏,从不同位置断面CT扫描图可以看出卸荷破裂面呈现相对平直的特征,断面上表现为一条直线。该试样的CT扫描断面能隐约看出灰岩试样的隐性层理面构造特征。图4.8为典型灰岩试样三轴加载破坏形式CT透视图,试验前试样透视图上存在一些零星的大小不同的影像,是由于试样内部存在初始缺陷或是其他杂质,试样破裂后的透视图上显示一个空间的破裂曲面,该曲面相对平滑,但破裂面并不是完全沿着岩样初始缺陷方向扩展贯通的,灰岩试样隐性层理是岩石发生破裂的主要影响因素,主破裂面基本与隐性层理平行,表现出压剪破坏特征。

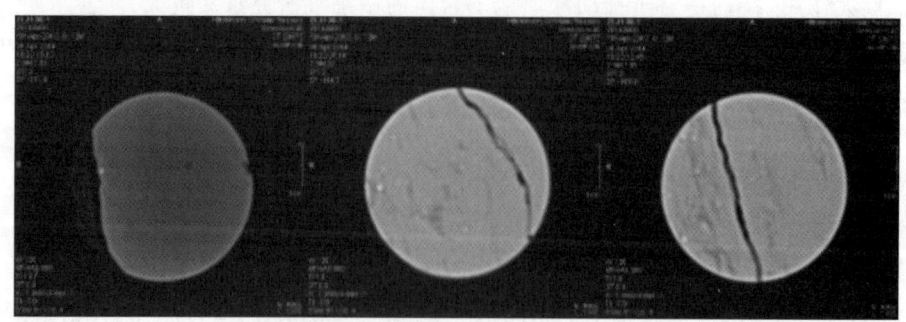

图4.7 典型灰岩试样三轴加载破坏形式CT断面扫描图

图 4.8　典型灰岩试样三轴加载破坏形式 CT 透视图

图 4.9 为典型灰岩试样三轴卸荷破坏形式 CT 断面扫描图,高围压卸荷条件下破坏时岩体基本沿着一条剪切面破坏,从不同位置断面 CT 扫描图可以看出卸荷破裂面呈现出不平整、不光滑的特征,断面上表现为蜿蜒的曲线或是折线,而不是平滑的直线。图 4.10 为典型灰岩试样三轴卸荷破坏形式 CT 透视图,试验前试样透视图上存在一些零星的大小不同的影像,是由于试样内部存在初始缺陷或是其他杂质,CT 扫描未能反映出灰岩试样的隐性层理面构造特征,试样破裂后的透视图上显示一个空间的破裂曲面,该曲面呈波澜起伏状,并不是一个平滑的曲面,试样卸荷整体破裂主要表现为拉剪破坏,剪切破裂面与隐性层理面的产状较为一致,主张裂缝十分发育。

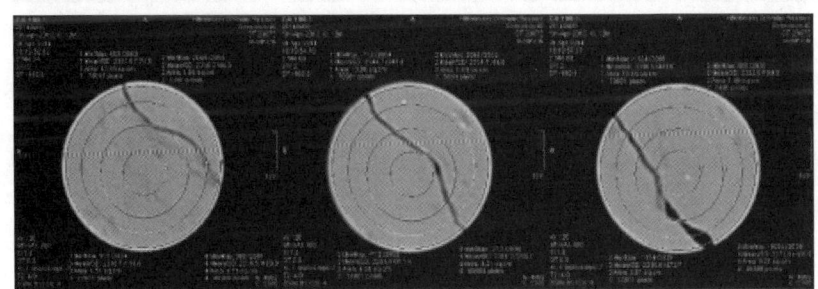

图 4.9　典型灰岩试样三轴卸荷破坏形式 CT 断面扫描图

图 4.11 为典型大理岩试样三轴加载破坏形式 CT 断面扫描图,高应力条件下三轴加载破坏时岩体基本沿着一条剪切面破坏,从不同位置断面 CT 扫描图可以看出卸荷破裂面呈现相对平直的特征,断面上表现为一条直线。该试样的 CT 扫描断面能较为清楚地看出大理岩试样的层状构造特征。图 4.12 为典型大理岩试样三轴加载破坏形式 CT 透视图,试样破裂后的透视图上显示两个空间的破裂曲面,该曲面为相对平滑的曲面,其中主破裂面与层理面的产状基本一致,表现为压剪破坏,次破裂面表现局部剪切破裂。

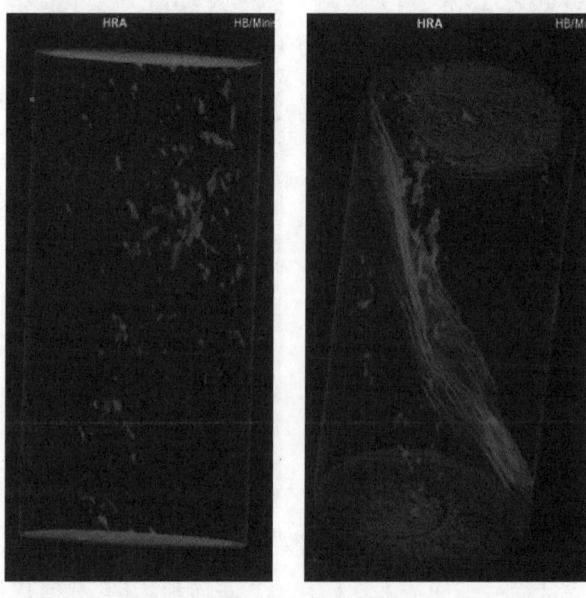

图 4.10 典型灰岩试样三轴卸荷破坏形式 CT 透视图

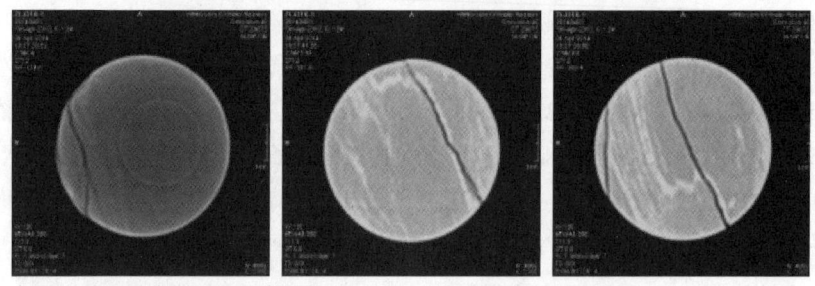

图 4.11 典型大理岩试样三轴加载破坏形式 CT 断面扫描图

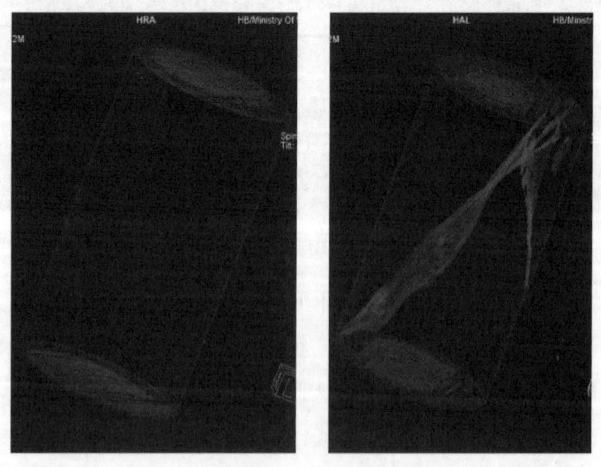

图 4.12 典型大理岩试样三轴加载破坏形式 CT 透视图

图 4.13 为典型大理岩试样三轴卸荷破坏形式 CT 断面扫描图,高围压卸荷条件下岩体基本沿着两条剪切面破坏,从不同位置断面 CT 扫描图可以看出卸荷破裂面呈现不平整、不光滑的特征,断面上表现为蜿蜒的曲线或是折线,而不是平滑的直线;断面上主裂纹附近产生了许多微小裂纹,表现为一定的张拉破裂特性。该试样的 CT 扫描断面能隐约地看出大理岩试样的层状造特征。图 4.14 为典型大理岩试样三轴卸荷破坏形式 CT 透视图,试验前试样透视图上存在较为明显的层状初始缺陷,这些是由于试样内部存在的不均一的层理构造或是缺陷,试样破裂后的透视图上显示两个空间的破裂曲面,破裂面呈现为相对平滑的曲面,且基本是试验初始层状缺陷在外荷载的作用下发生扩展与贯通而形成的,试样卸荷整体破裂主要表现为拉剪破坏,剪切破裂面与层理面的产状基本一致。

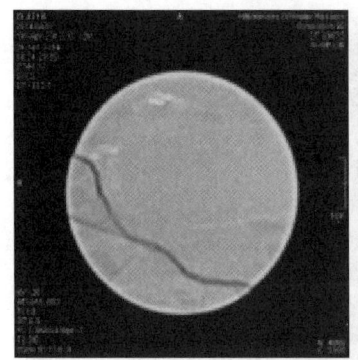 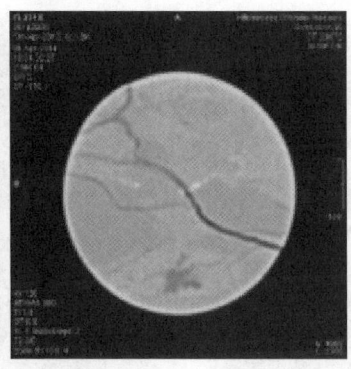 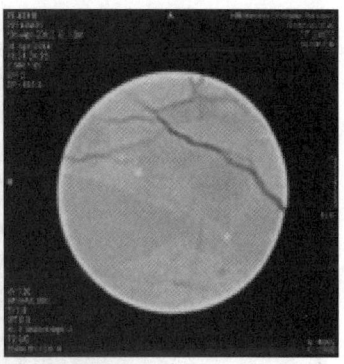

图 4.13 典型大理岩试样三轴卸荷破坏形式 CT 断面扫描图

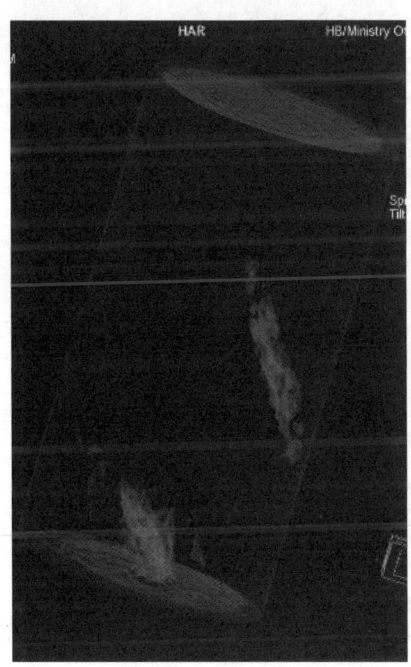 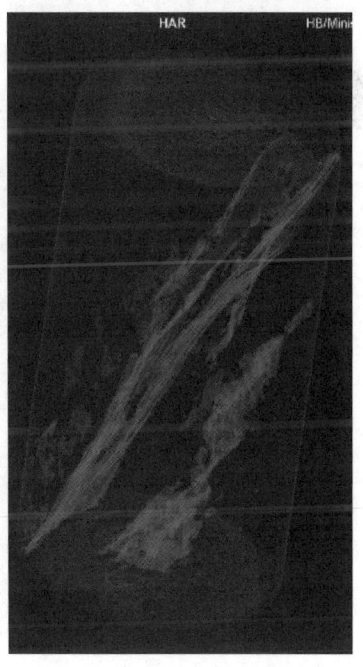

图 4.14 典型大理岩试样三轴卸荷破坏形式 CT 透视图

第三节 岩石破坏过程的 AE 声发射试验

一、试验设备

AE 声发射试验成果对研究岩石高应力破坏、岩爆及开挖损伤区的形成和深度等均有重要意义。岩石破坏过程的 AE 声发射试验主要采用了长江科学院水利部岩土力学与工程重点实验室的 MTS815.03 岩石力学试验系统和 SAMOS 声发射系统。试验加载过程中的 AE 声发射试验系统如图 4.15、图 4.16 所示。

 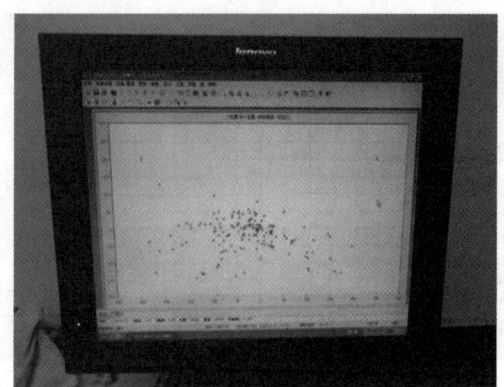

(a) 声发射监测仪　　　　　　　　　　(b) 定位结果

图 4.15　长江科学院 SAMOS 声发射监测系统

图 4.16　基于 MTS 试验 AE 试验图

二、试验方法

与其他岩石物理力学数据获取方式不同,岩石试样获得的声发射原始数据本质上是一组波形信号,研究人员要想获得岩石力学性质参数,必须对声发射的波形信号进行专业解译,提取有价值的信息。岩石声发射信号有多种分析手段,大多数研究者惯常使用小波分析,重点关注的是时域、频谱信息。这种分析方法固然有效,但远不及研究声发射特征参数便捷,实际上声发射特征参数分析思路更为明确,更受岩石力学工作者的青睐。对于如地下深埋岩体岩爆灾害这种具有工程尺度的实际岩石力学问题而言,特征参数法实用性更强、推广价值更高。本书采用声发射计数与能量计数作为主要特征参数,测试大理岩和灰岩岩石试样的声发射特性,进而判断其破坏特征。

三、试验成果分析

1. 单轴压缩试验中 AE 声发射成果

基于 MTS815.03 岩石力学试验系统,进行岩样的单轴压缩试验,全程配有声发射测试,试验曲线及 AE 时程,如图 4.17 所示。以岩样 160 大理岩试验为例,图 4.17(a)、(b)分别为试验全过程中采集的声发射事件与应力应变曲线及声发射事件与轴向应力间的关系曲线。

2. 三轴压缩试验中 AE 声发射成果

在各种围压工况下的试样声发射累积曲线及其计数率试验结果如图 4.18 所示,对声发射计数率变化进行仔细研究,研究结果如下:

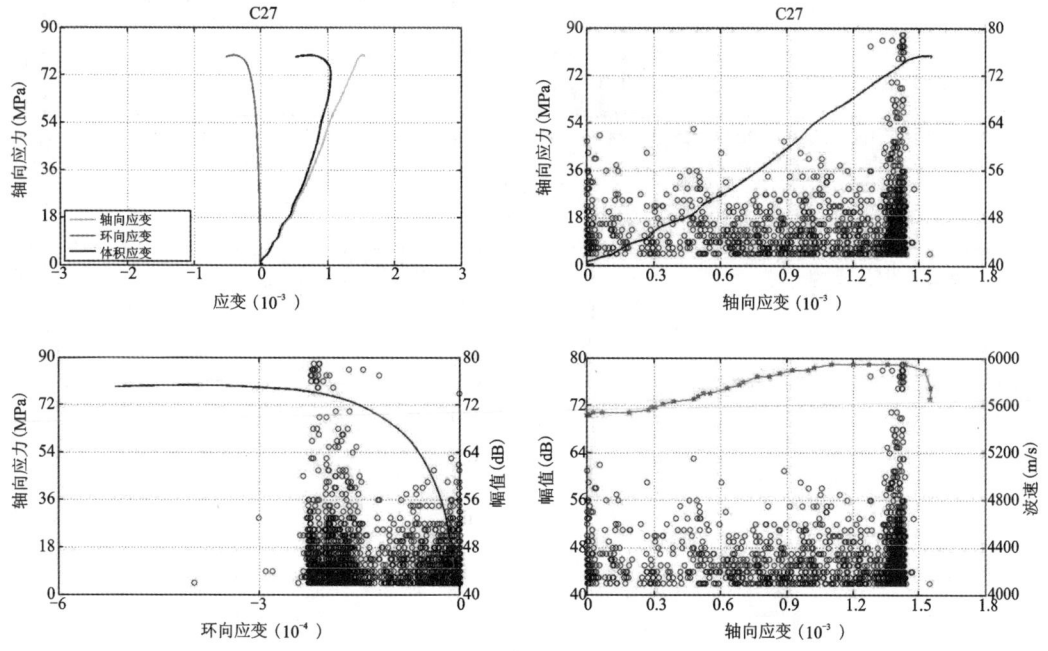

(a)岩样160大理岩声发射事件与应力应变曲线

图 4.17 岩样 160 单轴压缩试验结果

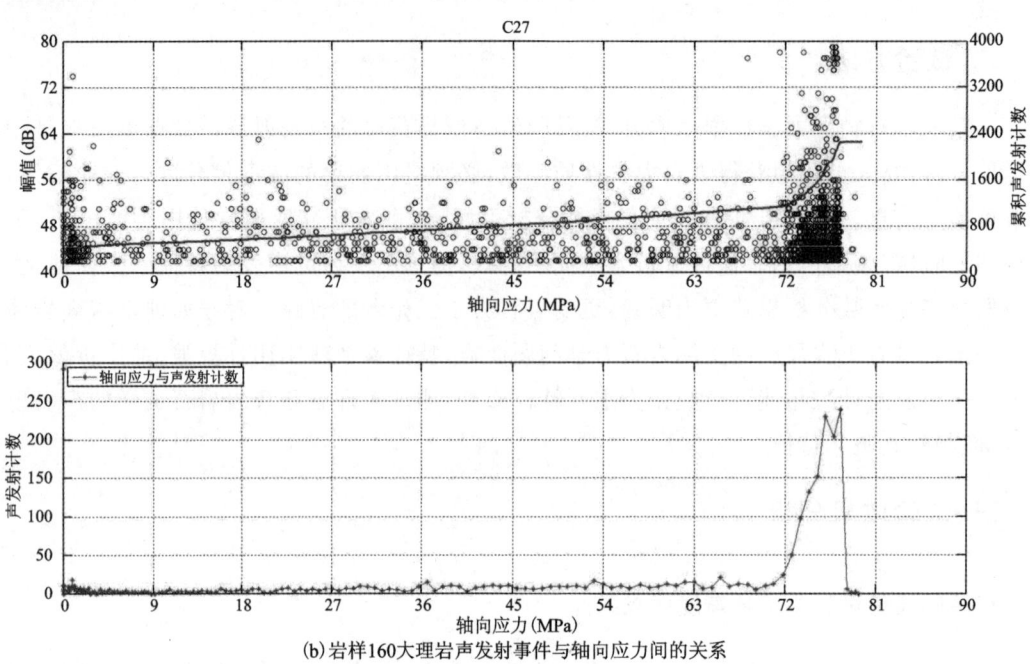

(b)岩样160大理岩声发射事件与轴向应力间的关系

续图 4.17

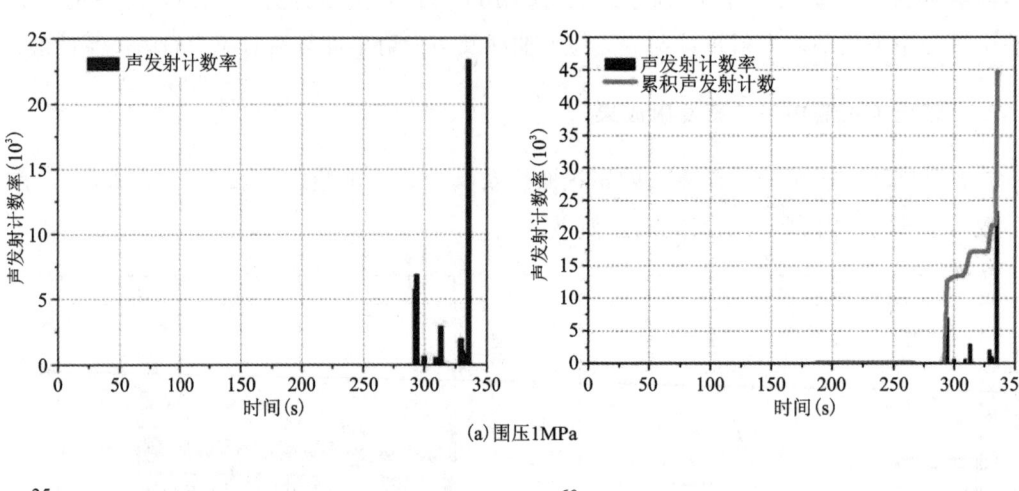

(a)围压1MPa

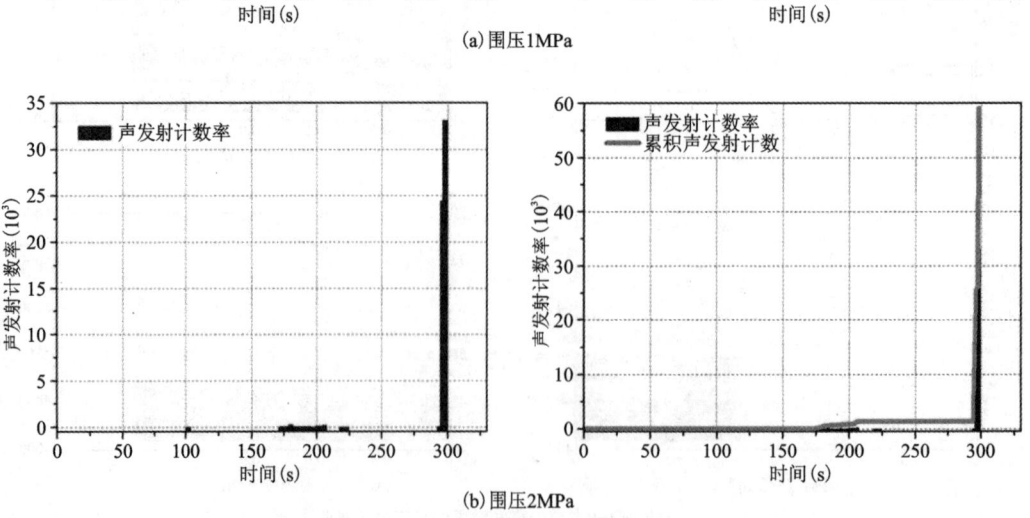

(b)围压2MPa

图 4.18 声发射计数率与累积计数曲线

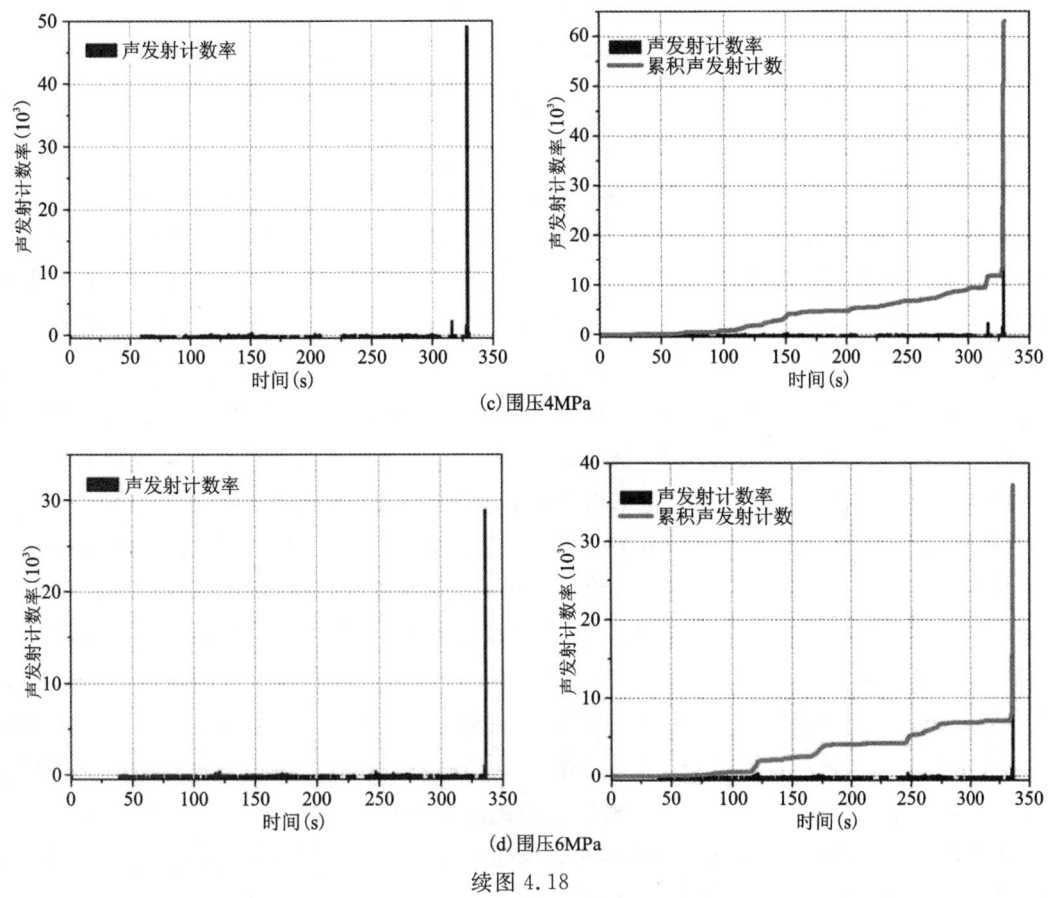

续图 4.18

(1) 当岩石尚未进入塑性变形而处于弹性阶段时,岩样一般声发射较少或者根本没有声发射活动发生,研究者一般将这个阶段定义为声发射沉寂期,这个阶段声发射频率较低。

(2) 当岩石破坏发生在低围压条件下时,一般表现为脆性破坏,在这种情况下,声发射试验计数率大小的分布并不均衡,加荷开始时计数率较低,但在临近结束时突然增大。

(3) 从声发射计数率曲线图可以看出,岩石破坏过程中声发射计数率在其达到峰值前出现相对较高的突变点,此时可以认为是岩石进入比例极限点,随着荷载的继续增加,然后迅速突发式出现峰值,因此可以认为该灰岩表现出较强的脆性破坏特征。

第四节 本章小结

本章通过各种微细观测试手段测试分析岩样宏观、微细观破坏模式和形态。

通过开展围岩试样加、卸载破裂断口的电镜扫描试验,分析不同应力路径下岩石断口形貌与内部微裂纹扩展规律,从微细观角度揭示岩石宏观三轴破裂机制。仔细观察这些典型的断口照片,可以看到其微细观形貌特征,很容易观察到岩样之所以发生破坏是因为岩石材料本身有缺陷,岩样本身并不均一,在长期应力作用下损伤不断积累,最终导致破坏。大理岩破坏断口的显微照片表明:大理岩的破坏实际上是由在加、卸载作用下岩样内部的矿物晶体产生滑移运动以及矿物晶体沿着本身的解理面产生位移导致的。

通过开展岩石在加、卸载应力路径下破坏机理的微细观试验研究,分析了不同应力路径下岩石破裂断口形貌、微裂纹扩展及断面 CT 扫描数规律,从微细观角度探讨了岩石宏观破裂模式。结果表明:大理岩加载破坏时,其宏观裂纹主要由内部的矿物晶粒滑移运动和矿物晶体的解理位移导致;大理岩卸载破坏时,大理岩试样以拉剪破坏为主,试样破裂断口聚生了很多扩展裂纹,微观裂隙相互之间在接触面上产生滑移。灰岩在外荷载作用下,表现更多的是岩样内部层理面之间的滑动,主要是由剪切应力产生的断裂,为压剪状态下微孔裂纹聚集型断裂形式。岩石破裂面大部分呈楔形,而且可以清楚看到楔形破裂面上的擦痕,破裂面上的矿物具有同滑坡中滑带土类似的定向排列效应。沿岩石破裂面可见磨损的断晶集合体,表现出加、卸荷应力下的定向揉搓形貌,岩样中的原始节理裂隙被断裂晶体颗粒充填,岩样出现微裂纹,该裂纹沿着特定的方向发育。在高应力卸荷应力路径下灰岩试样主要表现为拉剪状态下沿非显性层理面间或沿其他类型结构面的解理断裂,也可能表现为沿晶断裂或者是两者之间的相互耦合形式。在高应力卸荷路径下岩样损伤破坏会出现裂纹扩展及滑移,从电镜扫描照片中可以清楚观察到裂纹扩展和滑移沿方解石或石英解理面拉断裂,主要原因是某些节理面与裂纹发展方向垂直,节理面被裂纹切断在拉应力作用下发生分离而破坏,但是其破坏微裂纹的发展并不是定向分布的,而是随机分布的,这些裂纹启裂点大多沿着岩样的原始缺陷扩展开来,不具各向同性特征,而是呈现各向异性特征。部分细小断面表现出细腻平滑特征,断面上原始或是次生裂纹发育,断面光滑,未充填矿物颗粒。这说明微细观裂纹从孕育到发展直到最终形成贯通面,主要细观裂纹不是呈现闭合状态,而是以张开状态为主;最大剪应力作用方向与主裂隙面平行,这些裂纹均表现为张拉特性,说明岩样的损伤破坏是张拉破坏,主要表现为裂纹张拉而扩张直至最后贯通。

通过单轴压缩和三轴压缩条件下的 AE 声发射试验发现,当岩石尚未进入塑性变形而处于弹性阶段时,岩样一般声发射较少或者根本没有声发射活动发生,研究者一般将这个阶段定义为声发射沉寂期,这个阶段声发射频度较低。当低围压条件下岩石发生破坏时,一般表现为脆性破坏,在这种情况下,声发射试验计数率大小的分布并不均衡,加荷开始时计数率较低,但在临近结束时突然增大,且各低围压条件下均表现出这一特点,说明在一定围压下岩石的破坏均表现出较强的脆性破坏。从声发射计数率曲线图可以看出,岩石破坏过程中声发射计数率在其达到峰值前出现相对较高的突变点,此时可以认为是岩石进入比例极限点,随着荷载的继续增加,然后迅速突发式出现峰值,因此可以认为该灰岩表现出较强的脆性破坏特征。

第五章　基于加、卸载损伤控制的岩石力学参数演化规律

深部工程围岩大变形及其导致的大体积塌方是一种常见的灾害形式，因此，需要研究深部高应力开挖强卸荷后硬岩体积扩容及大变形的孕育演化和致灾的机制。室内岩石三轴试验全过程应力应变曲线显示，当外力超过峰值强度后，岩石试样的体积不是减小，而是大幅度增加，且增长速率越来越大，最终将导致岩石的扩容破坏。与金属材料不同，在荷载作用下，岩石在破坏之前会产生显著的不可逆体积膨胀，这一现象被称为岩石的扩容现象。扩容与岩石的变形破坏密切相关，是表征岩石变形破坏的一个重要性质。需要注意岩石的扩容与剪胀的区别。岩石扩容，虽然也是微裂隙体积的膨胀，但是由于没能形成贯穿裂隙，表现不出滑移和错动变形，属于破碎岩本身的性质，况且又是破坏前发生的量，与剪胀变形相比自然要小得多。岩石剪胀效应发生在破坏后，它不是微观结构的产生、扩展和汇集，而是岩石内部组构特征发生了显著的变化，是破裂块体之间镶嵌组合的一种结构效应。因此，研究岩石受载过程中的扩容和剪胀特性对深入研究围岩松动破裂区的扩容变形机制和支护与围岩的相互作用原理，揭示深部地下工程围岩在高应力下变形破坏的力学机理具有重要的意义。

第一节　特征强度的确定方法研究

一、闭合应力 σ_{cc}、启裂应力 σ_{ci} 与损伤应力 σ_{cd}

由于岩石是一种包含大量原生裂隙的天然地质体，故岩石材料的变形可以分为 3 个部分，即基体材料的变形、初始张开微裂纹的闭合变形和微裂纹扩展引起的变形，后两者可统称为裂纹变形。因此，岩石的体积应变可看作由基体材料的弹性体积应变和原生裂纹闭合扩展及新裂纹的生成扩展所引起裂纹体积应变组成。实际上，裂纹应变是指在应力作用下，岩石内部的原生裂纹启裂和扩展以及新裂缝产生导致的岩石轴向、侧向变形的变化，根据 Martin (1997) 提出的裂纹应变模型，首先定义裂纹应变，记 ε_1^c 为轴向裂纹应变，ε_2^c 和 ε_3^c 为侧向裂纹应变，ε_v^c 为体积裂纹应变。可知裂纹应变等于实测应变减去弹性应变，于是有式(5.1)~式(5.6)：

$$\varepsilon_1^c = \varepsilon_1 - \varepsilon_1^e = \varepsilon_1 - \frac{1}{E}[\sigma_1 - \mu(\sigma_2 + \sigma_3)] \tag{5.1}$$

$$\varepsilon_2^c = \varepsilon_2 - \varepsilon_2^e = \varepsilon_2 - \frac{1}{E}[\sigma_2 - \mu(\sigma_1 + \sigma_3)] \tag{5.2}$$

$$\varepsilon_3^c = \varepsilon_3 - \varepsilon_3^e = \varepsilon_3 - \frac{1}{E}[\sigma_3 - \mu(\sigma_1 + \sigma_2)] \tag{5.3}$$

同弹性体积应变的求法一样,体积裂纹应变为

$$\varepsilon_v^c = \varepsilon_1^c + \varepsilon_2^c + \varepsilon_3^c = \varepsilon_v - \frac{1-2\mu}{E}(\sigma_1 + \sigma_2 + \sigma_3) \tag{5.4}$$

对于常规三轴应力状态有

$$\sigma_2 = \sigma_3$$

则有

$$\varepsilon_1^c = \varepsilon_1 - \varepsilon_1^e = \varepsilon_1 - \frac{1}{E}(\sigma_1 - 2\mu\sigma_3) \tag{5.5}$$

$$\varepsilon_1^c = \varepsilon_1 - \varepsilon_1^e = \varepsilon_1 - \frac{1}{E}(\sigma_1 - 2\mu\sigma_3) \tag{5.6}$$

利用上述公式,再结合室内试验的结果即可获得岩石的裂纹应变。用裂纹应变模型研究岩石破坏过程中裂纹的启裂应力、失稳扩展应力到峰值极限破坏应力的变化规律,从而获得岩石内部裂纹的扩展规律。

根据大理岩单轴压缩全过程曲线中特征强度及体应变、裂纹应变曲线图(图5.1),脆性大理岩单轴压缩过程中的力学特性系统分析如下:

(1)阶段Ⅰ(初始裂纹闭合阶段),该阶段应力应变曲线为下凹段,这一阶段通常情况下不会出现声发射现象。

(2)阶段Ⅱ(弹性压缩阶段),该阶段应力应变关系为直线,对应的上限应力值为启裂强度(σ_{ci},大约为40%的岩石单轴抗压强度),大理岩压缩过程中基本不出现声发射现象,表现在裂

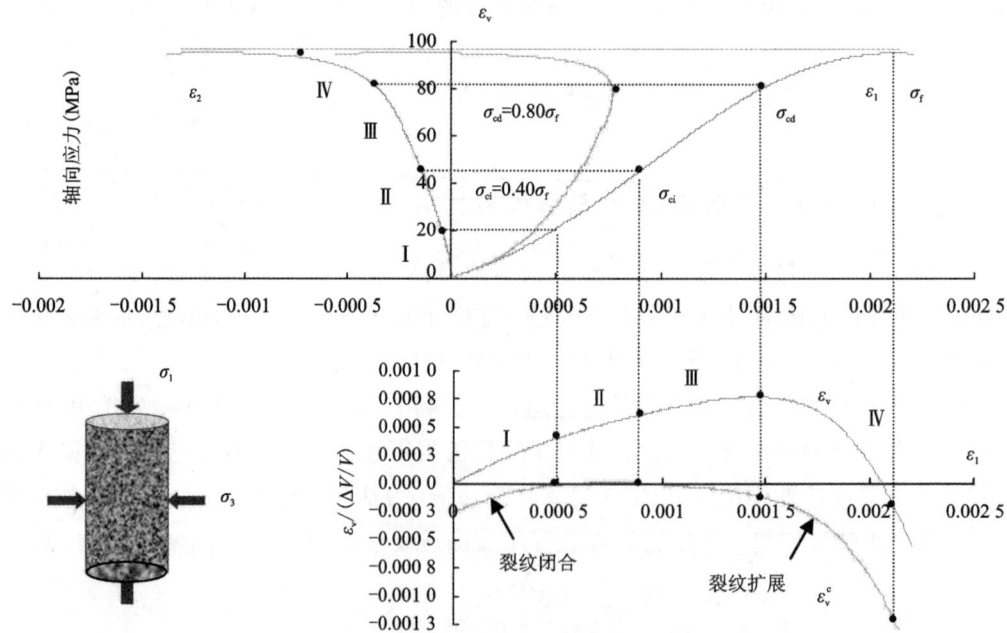

图5.1 锦屏水电站大理岩单轴压缩全过程曲线中特征强度及体应变、裂纹应变曲线图

纹应变曲线上为一水平的直线,即该段岩石内基本不出现新的破裂。

(3)阶段Ⅲ(裂纹稳定增长阶段),当应力继续增加时,岩样内裂纹逐渐增多,裂纹体应变上表现为扩展增加效应,但轴向应力轴向应变关系基本保持为直线,但轴向应力横向应变开始呈曲线状态,是轴向为主裂缝横向鼓胀产生的剪胀效应。这一阶段结束时的岩样中开始形成共轭剪切面的雏形,对应的应力水平可称为共轭强度(或损伤强度)σ_{cd}(大约为80%的岩石单轴抗压强度)。

(4)阶段Ⅳ(裂纹加速增长阶段),当应力水平超过岩石的损伤强度时,声发射事件开始急速增加,轴向应力轴向应变关系开始出现非线性特征,而轴向应力横向应变关系的曲线特征非常突出,这一过程中岩石试样的共轭剪切面雏形发展成宏观剪切面,岩石出现宏观破坏。

在弹性阶段,由于已压密的裂纹面间未出现相对滑动并且新裂纹尚未生成,故此阶段内总体积应变增量等于弹性体积应变增量,由式(5.4)可知,裂纹体积应变保持不变,因此曲线保持水平。当岩样进入裂纹稳定发展阶段后,由于已有裂纹的扩展和新裂纹的出现,总体积应变增量小于弹性体积应变增量,导致曲线向负方向偏移。体积应变曲线开始偏离最初的直线部分即岩样开始产生扩容,因此可以认为用此方法确定启裂应力是合理的。从上述分析中可以发现,裂纹启裂应力(σ_{ci})、失稳扩展应力(σ_{cd})以及峰值破坏强度σ_f三个材料参数在岩石内部裂缝扩展机制即强度破坏机理分析中具有重要的意义。

二、锦屏水电站大理岩启裂强度、损伤强度确定方法

基于MTS815岩石力学试验系统,一共进行了25个岩样的单轴压缩试验(包括ϕ50mm标准样、ϕ70mm岩样和ϕ90mm岩样),全部都配有全程应力应变、声波测试和声发射测试,试验基本情况如表5.1所示。以岩样D25-2大理岩试验为例,图5.2～图5.5分别为纵波波速和轴向应力随轴向应变变化曲线、AE声发射幅值和应力随轴向应变变化曲线、AE声发射幅值和P波波速随轴向应变变化曲线,以及AE声发射幅值、AE数和P波波速随轴向应变力变化曲线。

表5.1 不同尺寸岩样启裂和损伤强度的试验结果

岩样类型	岩样编号	单轴强度σ_0(MPa)	σ_{ci}/σ_0		σ_{cd}/σ_0		
			裂纹体应变	声发射	体应变	声波速度	声发射
标准样	D25-2	95.2	0.45	0.26	0.80	0.89	0.79
标准样	D28	108	0.42	0.22	0.89	0.90	0.84
标准样	D30	96.5	0.47	0.31	0.70	0.85	0.81
标准样	D31	95.8	0.42	0.46	0.86	0.86	0.79
标准样	D35	96.9	0.44	0.36	0.85	0.83	0.88
标准样	Y3-2	96.3	0.54	0.42	0.91	0.85	0.83
标准样	Y4-2	95.4	0.52	0.35	0.82	0.86	0.71

续表 5.1

岩样类型	岩样编号	单轴强度 σ_0(MPa)	σ_{ci}/σ_0		σ_{cd}/σ_0		
			裂纹体应变	声发射	体应变	声波速度	声发射
ϕ70mm 样	C4	90.9	0.77	0.33	0.83	0.88	0.73
ϕ70mm 样	C26	92.9	0.48	0.43	0.83	0.91	0.80
ϕ70mm 样	C27	79.7	0.50	0.45	0.91	0.94	0.90
ϕ70mm 样	Y8-3-1	57.8	0.61	0.48	0.74	0.90	0.87
ϕ70mm 样	Y8-3-2	96.6	0.52	0.43	0.83	0.78	0.88
ϕ70mm 样	Y9-2-2	91.9	0.54	0.46	0.86	0.86	0.78
ϕ90mm 样	C27d	92.6	0.59	/	0.96	0.81	0.83
ϕ90mm 样	C4d	70.3	0.46	0.53	0.93	0.90	0.91
ϕ90mm 样	Y7-3-1	65.4	0.46	0.58	0.97	0.92	0.92
ϕ90mm 样	Y7-3-2	96.9	0.41	0.41	0.89	0.75	0.72

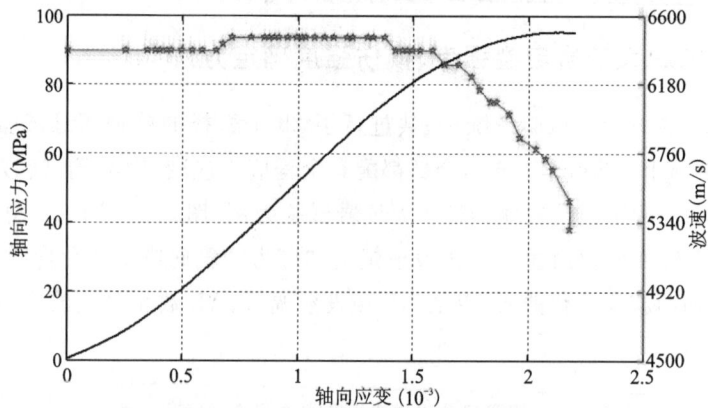

图 5.2 纵波波速和轴向应力随轴向应变变化曲线

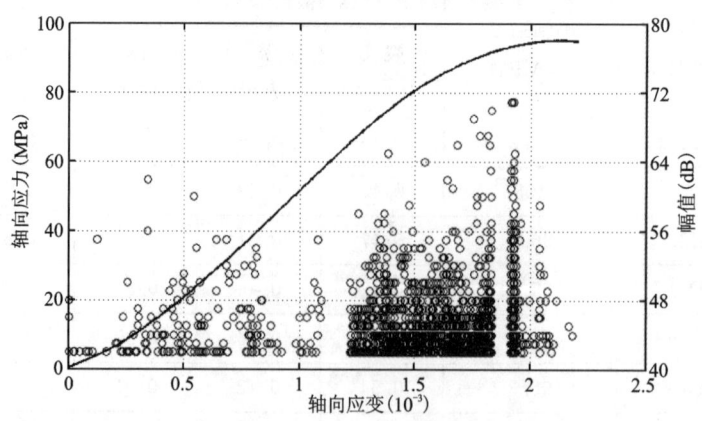

图 5.3 AE 声发射幅值和应力随轴向应变变化曲线

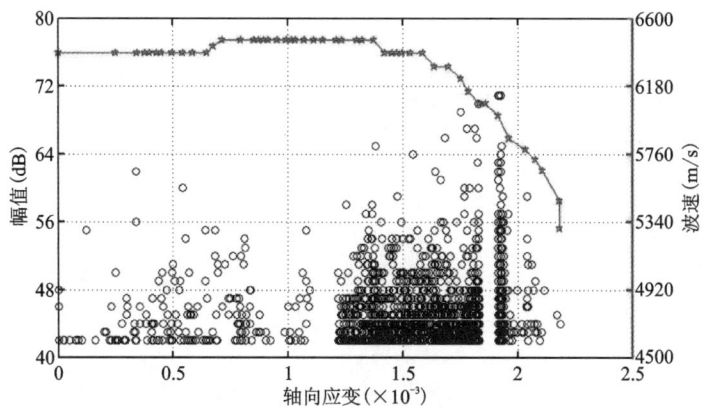

图 5.4　AE 声发射幅值和 P 波波速随轴向应变变化曲线

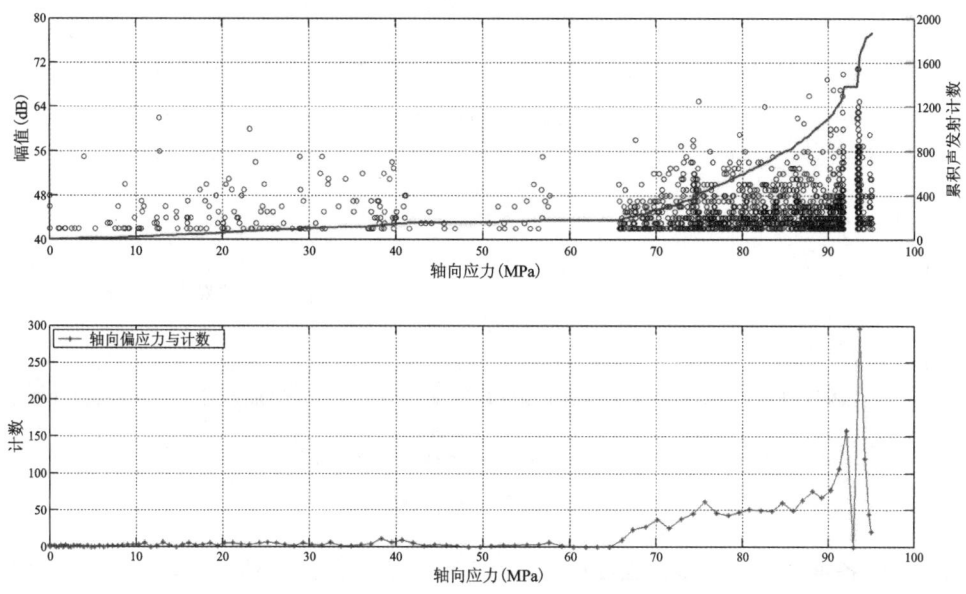

图 5.5　AE 声发射幅值、AE 数和 P 波波速随轴向应变力变化曲线

从图 5.2 中的纵波波速和应力随轴向应变变化曲线可以看出当试样受压后，裂纹压密闭合后到裂纹稳定增加前波速有一定的增加，当超过损伤强度即进入裂纹非稳定扩展后出现显著的降低。从图 5.3、图 5.4 中可以看出，由于试样钻取及制样过程中受到不同扰动，不能很好地识别启裂强度，但较易由体应变最大点（逆转点）及波速显著降低等特征来判定损伤强度，而且 3 种试验方法确定的结果相差无几。

图 5.6 为各类型岩样的启裂强度（σ_{ci}/σ_0），由图可知，对于标准岩样，无损取样的启裂强度值比常规取样值要低（无损取样指现场先实施周边钻孔预卸荷后再钻中心孔取样），而 $\phi70\mathrm{mm}$ 和 $\phi90\mathrm{mm}$ 两种不同尺寸的岩样却没有明显的规律，但总体上其值都大于标准样的启裂强度值。由于标准岩样和 $\phi70\mathrm{mm}$ 都是 $\phi90\mathrm{mm}$ 通过套钻获得，因此可以认为即便存在初始取样损伤，小直径岩样的损伤程度都偏低，因而造成大直径岩样的启裂强度与单轴抗压强度的比值偏高。

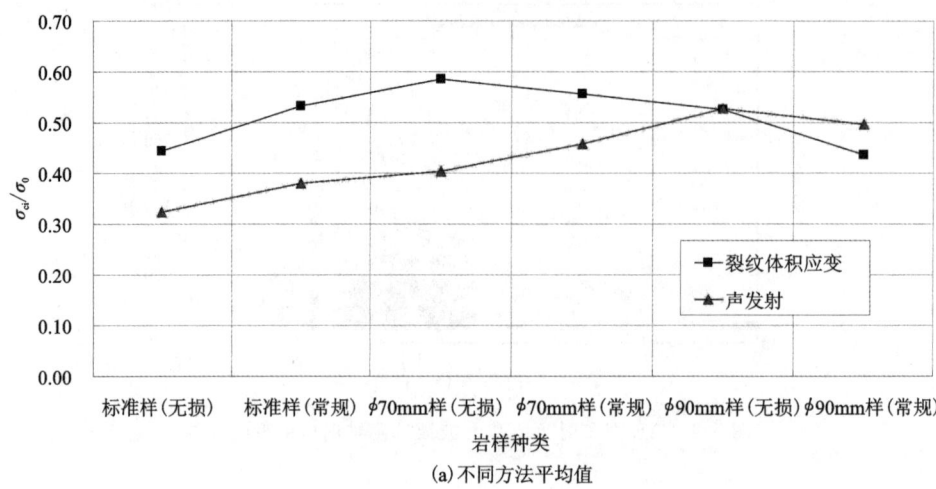

(a) 不同方法平均值

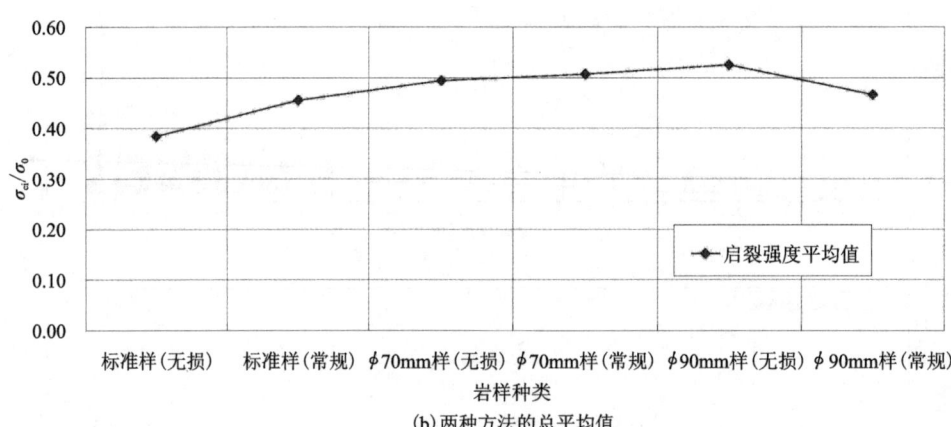

(b) 两种方法的总平均值

图 5.6 各类型岩样的启裂强度(σ_{ci}/σ_0)

图 5.7 为各类型岩样的损伤强度(σ_{cd}/σ_0),3 种方法得到的比值相差不大,从 3 种方法所得损伤强度的平均值可知,3 种不同直径处取样条件下,无损取样的损伤强度值均大于常规取样,而对标准样,损伤强度的差别最小,说明标准样受到取样损伤影响较小。

另外,从以上试验结果可知,岩样轴向加压时,横向 P 波速度对于岩样中裂纹的扩展非常敏感,证明岩样的横向 P 波测试或者轴向的 S 波测试是指示岩样损伤强度值的有效指标之一。通过对以上试验结果的分析,可以得出如下基本结论:

(1) 岩样的启裂强度和损伤强度与单轴抗压强度的比值均值范围分别在 0.38～0.52 和 0.82～0.86 之间。

(2) 岩样轴向加压时,横向 P 波速度对于岩样中裂纹的扩展是非常敏感的,因此岩样的横向 P 波测试或者轴向的 S 波测试是指示岩样损伤强度值的有效指标之一。

(3) 采用最大体应变法、AE 声发射法及纵波波速方法均可得到岩石的特征强度值,因此在没有 AE 及波速测试手段时,采用体应变(含裂纹体应变)方法可以较为准确地获取试样的特征强度值。

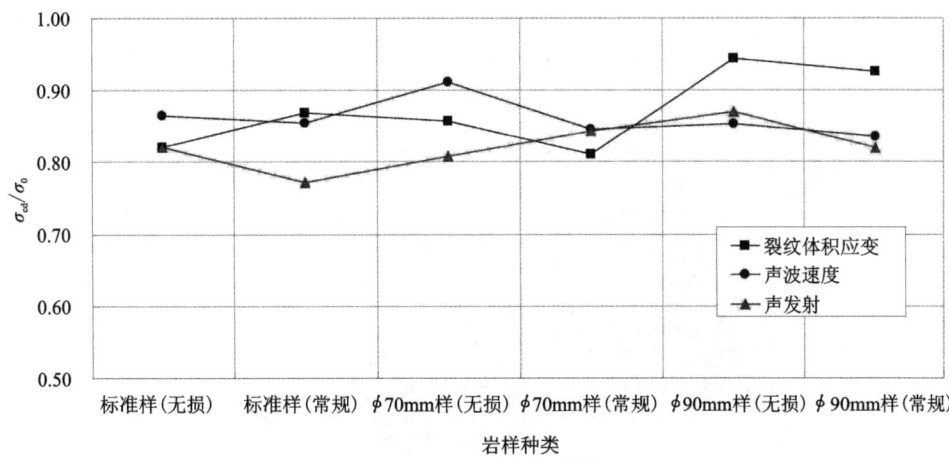

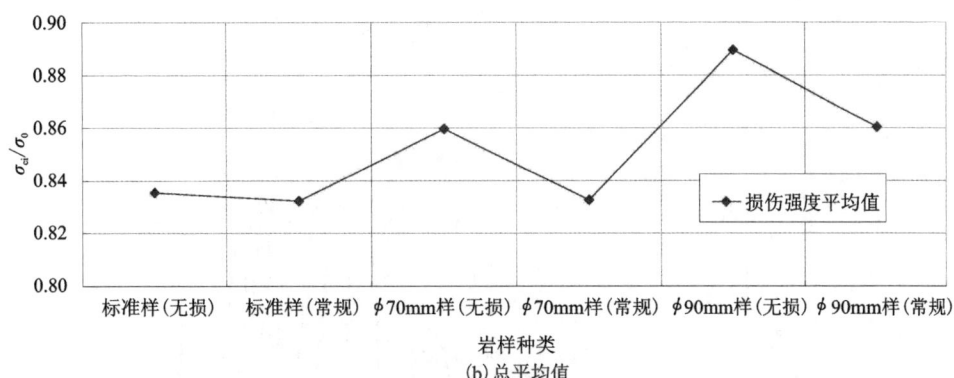

图 5.7 各类型岩样的损伤强度(σ_{cd}/σ_0)

第二节 基于损伤控制的抗剪强度参数演化规律

为了研究整个受荷过程中试样的强度和变形参数随损伤发展过程,采用损伤控制加、卸载试验方法来研究,也即通过加、卸载试验获取每次循环下岩石的不可逆的裂纹损伤增量,进而获得累计裂纹损伤量,分析整个过程中裂纹损伤逐步发展对岩石强度(表征岩石强度的参数)、变形(表征岩石变形的参数)的影响效应。图 5.8~图 5.13 给出了锦屏一级水电站 JP_01 试样和锦屏二级水电站 JP_02 试样单轴压缩条件下典型的损伤控制加、卸载应力应变曲线。由于不可逆体积应变 ε_v^p 包括轴向和侧向的不可逆应变,能够全面地反映岩石的整个损伤程度,故采用不可逆体积应变作为岩石损伤的度量是合适的,如图5.10中第 9 次循环加、卸载所形成的体积塑性应变值。定义损伤值 ω 为累计每次循环下的不可逆体积应变,即

$$\omega = \sum_{i=1}^{n} (\varepsilon_v^p)_i \tag{5.7}$$

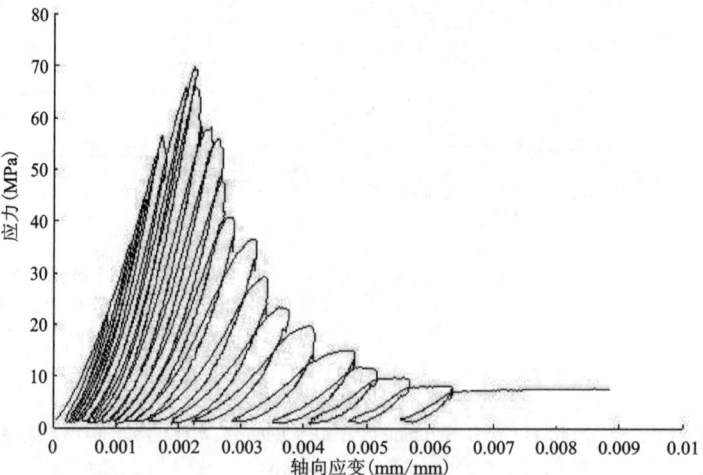

图 5.8 JP_01 试样损伤控制加、卸载试验中应力轴向应变曲线

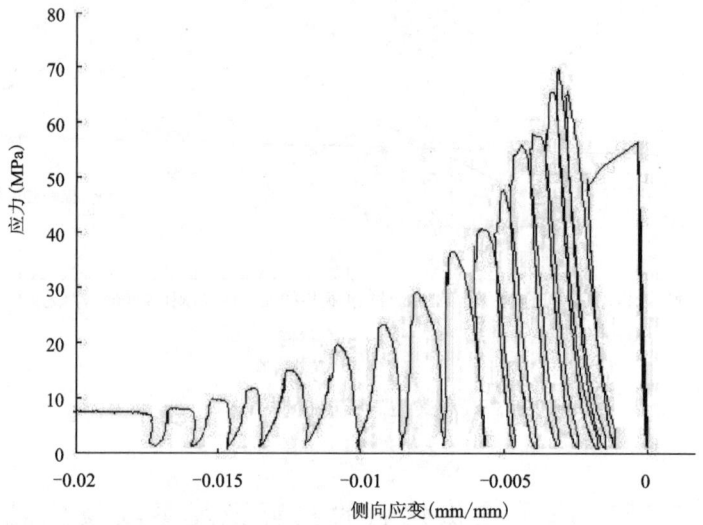

图 5.9 JP_01 试样损伤控制加、卸载试验中应力侧向应变曲线

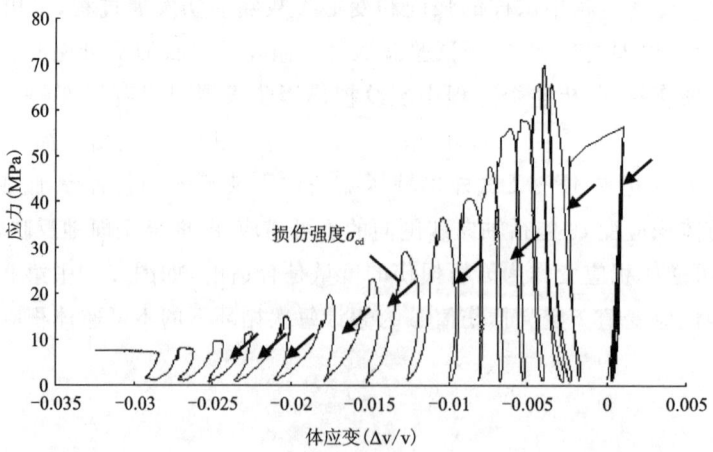

图 5.10 JP_01 试样损伤控制加、卸载试验中应力体应变曲线

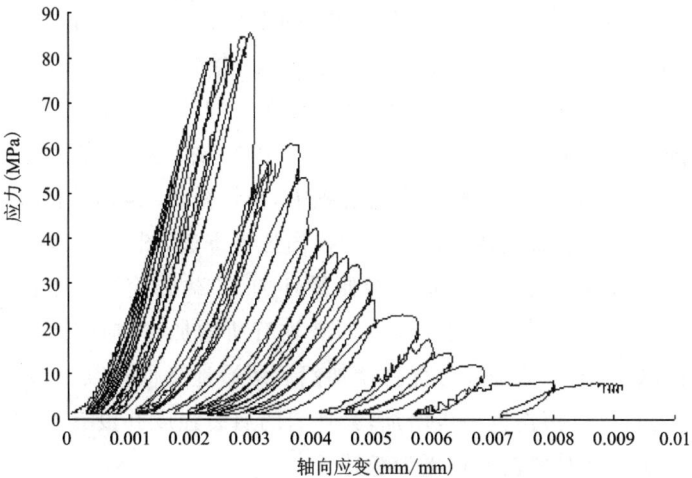

图 5.11　JP_02 试样损伤控制加、卸载试验中应力轴向应变曲线

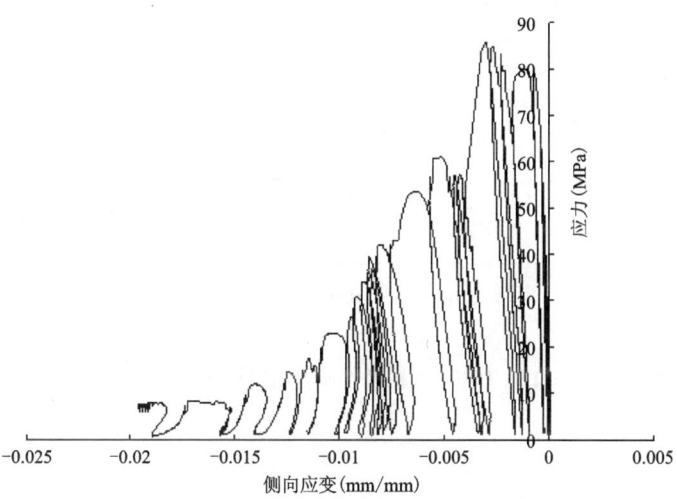

图 5.12　JP_02 试样损伤控制加、卸载试验中应力侧向应变曲线

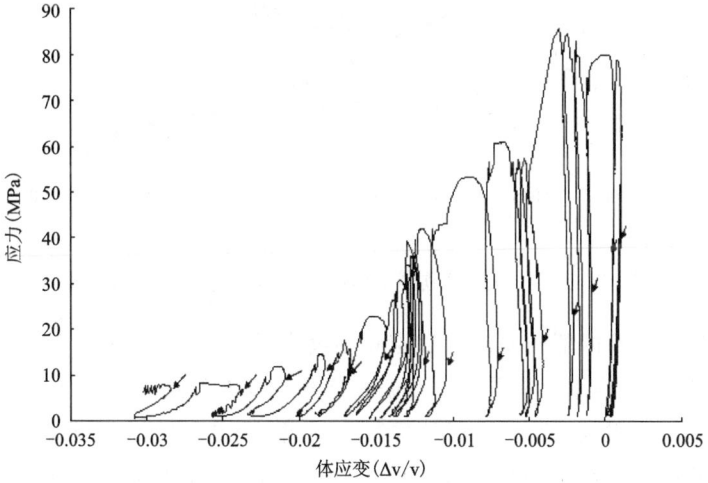

图 5.13　JP_02 试样损伤控制加、卸载试验中应力体应变曲线

从损伤控制加、卸载应力应变曲线可以看出,随着加、卸载次数增加,滞回圈面积会逐渐减小,而且每次卸载后的塑性应变(包含塑性体应变 ω)会逐渐增加,表明当应力超过启裂强度后每次加、卸载后形成的损伤变量会增加;随循环次数增加弹性模量也会逐渐衰减,体现了强度和变形特性随损伤变化的演化规律(图 5.14)。其中,弹性模量在达到启裂强度前稍有增加,然后随着应力增加会逐渐减小,整个损伤过程中,弹性模量从峰值到残余值下降了 80% 左右。根据体应变达到最大值后逆转特征来识别损伤强度方法,图 5.15、图 5.16 分别给出了锦屏一级水电站和二级水电站大理岩在损伤控制循加、卸载试验过程中损伤强度、峰值强度演化曲线,可以看出在未达到某一损伤量前,两者均有所增加,当损伤变量超过该值后,损伤应力值会有显著的跌落,而峰值强度会保持增加然后缓慢地降低至某一值。以上特征说明由于微裂隙的累积,岩石试样损伤进一步增加,大理岩的启裂强度并没有发生实质性变化,但标志着裂纹滑移的损伤强度对损伤累积更为敏感。

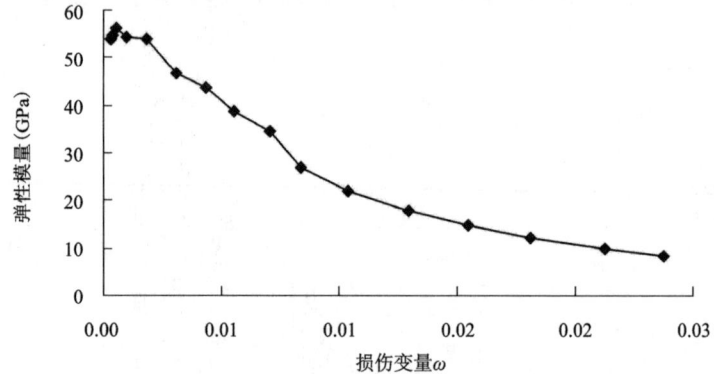

图 5.14 JP_01 试样弹性模量随损伤变量 ω 变化曲线

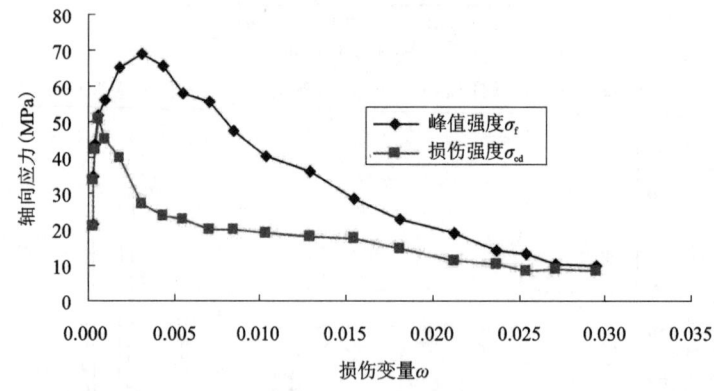

图 5.15 JP_01 试样损伤应力、峰值应力随损伤变量 ω 变化曲线

因此,可以认为岩石内部的损伤导致宏观强度参数的变化,揭示了黏聚力和内摩擦角并非同步对岩石强度发生作用。为了进一步研究这些强度参数随岩石损伤发展的演化规律,采用以上损伤控制加、卸载试验数据进行处理,其中黏聚力和内摩擦角的求取按照 Martin 建议的方法进行,比如在单轴压缩应力状态下,黏聚力 $c=\sigma_{cd}/2$,而内摩擦角 $\varphi=2\tan^{-1}(\sigma_1/\sigma_{cd})-\pi/2$,其

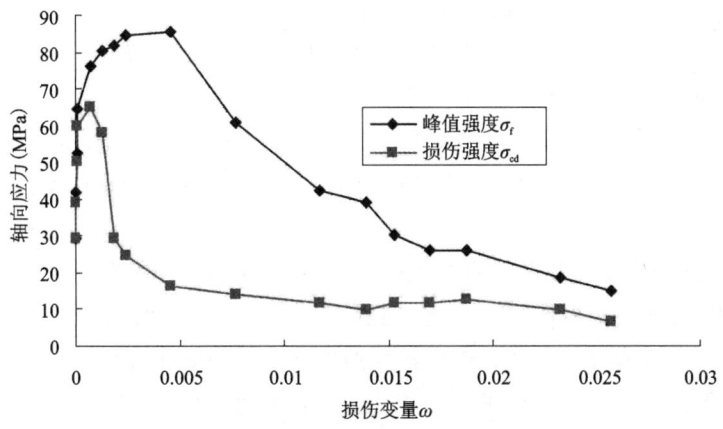

图 5.16　JP_02 试样损伤应力、峰值应力随损伤变量 ω 变化曲线

中，σ_{cd} 为前面所述的裂纹失稳扩展应力或损伤强度。图 5.17 为大理岩单轴压缩破坏过程中内摩擦角和黏聚力随损伤变量变化，对于黏聚力而言，随着损伤的发展，黏聚力从峰值迅速下降，并很快到达残余门限值，该值为峰值黏聚力的 18%～28%，而内摩擦角随着损伤的发展经历了上升段和下降段，其中上升段是在大量的黏聚力损失后逐渐升高至峰值，而下降段紧随其后，随着损失的累计，内摩擦角逐步降低，并在残余强度时到达残余门限值 20%。根据相关理论可知，在岩石宏观强度不变时，当黏聚力随着损伤增加而逐渐丧失的时候，摩擦力必须逐步增大，而在宏观裂纹或者潜在断裂面形成后，岩石的强度（或者确切地说是承载能力）降低，在黏聚力几乎不变的情况下，摩擦力也必然会降低，这一试验现象是脆性岩石的基本现象，体现了脆性岩石强度破坏的内在机制。

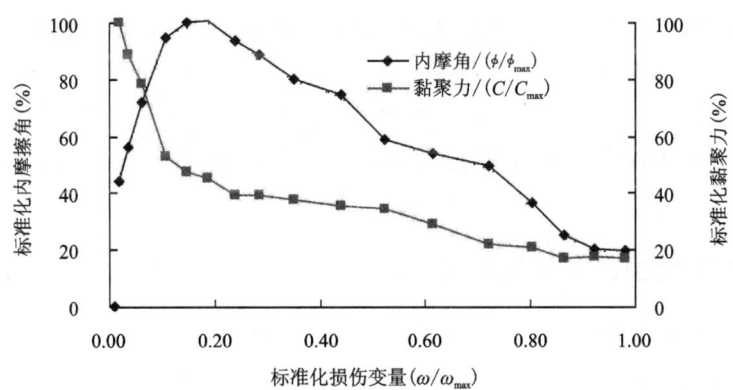

图 5.17　JP_02 试样单轴压缩破坏过程中内摩擦角和黏聚力随损伤变化

根据设计的试验方案，对锦屏水电站大理岩采用应力应变曲线、同步匹配 AE 监测及岩样径向纵波波速 3 种不同的试验方法确定损伤强度，并对 3 种不同方法确定的损伤强度值进行对比研究，最后基于损伤控制加、卸载试验研究试样的损伤强度、变形特性及压缩全程中（包括峰前及峰后）强度参数随损伤变量的演化规律，可以得出如下结论：

（1）锦屏水电站大理岩单轴压缩全过程中裂纹应变、AE 声发射及声波波速变化特征研究表明启裂强度和损伤强度与单轴抗压强度的比值范围分别介于0.38~0.52和0.82~0.86之间。因此,在没有AE监测及波速测试手段时,采用体应变(含裂纹体应变)方法可以较为准确地获取试样的特征强度值。

(2)通过峰前、峰后加卸载试验获取每次循环下岩石的不可逆的裂纹损伤增量,进而获得累计裂纹损伤量(不可逆体积应变)作为岩石损伤的度量,体现了岩石压缩破坏过程中损伤演化过程。

(3)损伤控制加、卸载应力应变曲线表明,随循环次数增加,弹性模量也会逐渐衰减。由于微裂隙的累积,大理岩的损伤强度会在达到峰值强度前骤降,标志着裂纹滑移的损伤强度对损伤累积更为敏感,体现了强度和变形特性随损伤变化的演化规律。

(4)基于损伤控制大理岩单轴压缩破坏试验得到了内摩擦角和黏聚力随损伤变量变化的规律,随着损伤的发展,黏聚力从峰值迅速下降,并很快到达残余门限值,而内摩擦角随着损伤的发展经历了先上升、再降低的过程,其中上升段是在大部分黏聚力损失后逐渐升高至峰值。研究成果对于揭示脆性岩石强度破坏机制具有重要的理论意义。

第三节 剪胀角演化规律研究

深部工程围岩大变形及其导致的大体积塌方是一种常见的灾害形式,因此,需要研究深部高应力开挖强卸荷后硬岩体积扩容及大变形的孕育演化和致灾的机制。扩容是岩石变形破坏过程中的关键现象,是岩石临近破坏的重要标志。因此,研究岩石受载过程中的扩容和剪胀特性对深入研究围岩松动破裂区的扩容变形机制和支护与围岩的相互作用原理,揭示深部地下工程围岩在高应力下的变形破坏的力学机理具有重要的意义。针对工程应用中多采用恒定的剪胀角假定,笔者对雅砻江流域锦屏水电站中晶白色大理岩进行了不同围岩(含0围压)三轴压缩全过程应力应变试验和考虑岩石损伤效应的峰前和峰后循环加、卸载三轴试验。基于MTS815岩石力学试验系统,成功得到了5种不同围压下加载全过程中的剪胀扩容特性,并采用非线性函数拟合,初步建立了考虑围压效应和塑性参量演化的双参数非线性剪胀角模型。

一、大理岩不同围岩下扩容效应

为研究不同围压下锦屏水电站大理岩非线性剪胀特性,基于MTS815岩石力学试验系统,首先将锦屏水电站中晶大理岩加工成$\phi50mm\times100mm$标准岩样,在不同围压下(0MPa、5MPa、10MPa、20MPa、30MPa、40MPa)进行常规三轴试验。由图5.18可知,随着围压增大,大理岩由脆性向延性转化,岩石残余强度同样具有围压效应,变形特性方面,其弹性模量随着围压增加有所增加。

同时,由图5.19、图5.20可以得出如下结论:

(1)低围压(含单轴)条件下,大理岩脆性破坏伴随较大的体积膨胀,并且峰后应力下降较大。

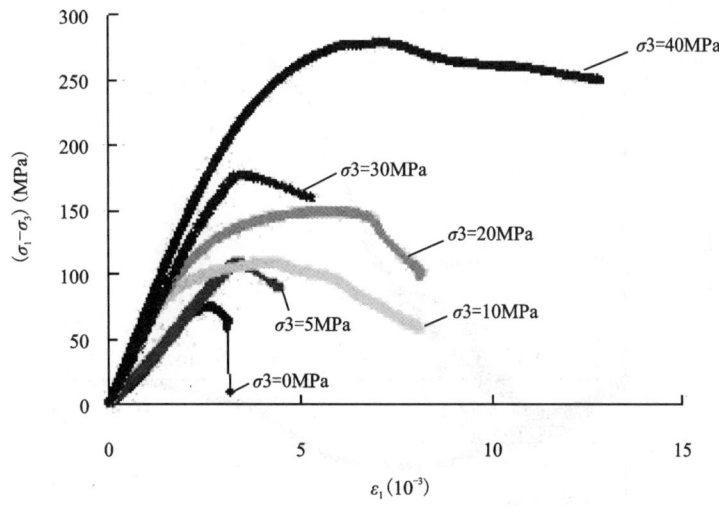

图 5.18 不同围压下大理岩偏应力轴向应变曲线簇

(2)与峰值应力后的体积变形相比,峰值应力前的体积变形很小,表现出了峰前微裂隙的发展过程;峰后体积膨胀大幅度增加,且增长速率越来越大,最终将导致岩石的扩容破坏,此阶段内,当试样临近破坏时,两侧向应变之和超过最大主应力方向上的压缩应变,此时的泊松比不再是常数。

(3)随着围压的增加,扩容的初始点被延迟。扩容初始点为峰值应力前,体积应变轴向应变关系偏离线性的点,也称裂隙初始点。

(4)随着围压的增加,体积应变下降的梯度逐渐变小,即岩石扩容对低围压条件更为敏感。

(5)随着围压的增加扩容率逐渐减小,说明围压对岩石的扩容起到抑制作用。

(6)扩容在岩石残余变形阶段趋于恒定,此时试样将不再发生体积变化。

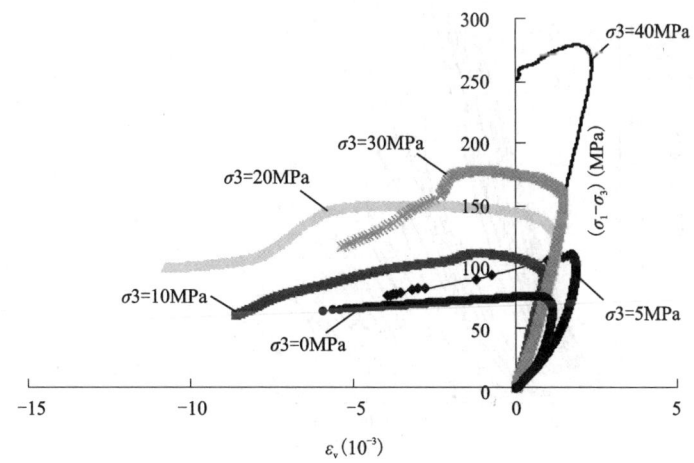

图 5.19 不同围压下大理岩偏应力体应变曲线簇

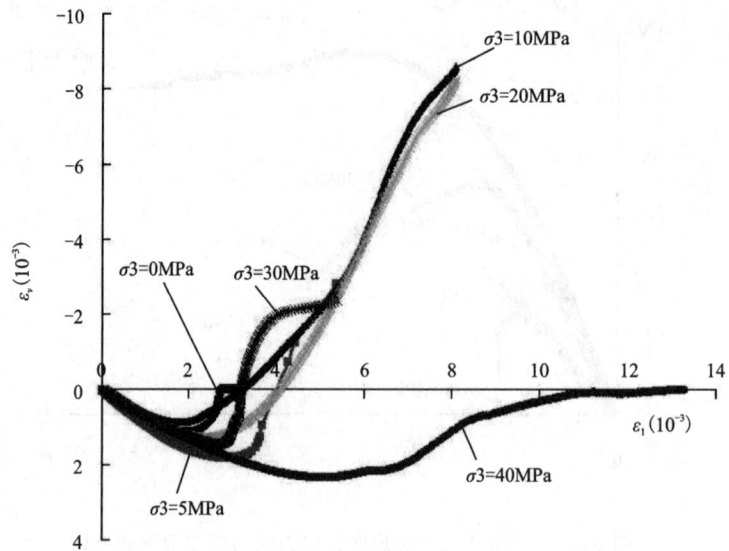

图 5.20　不同围压下大理岩体应变轴向应变曲线簇

二、岩石破坏过程中剪胀角演化规律

采用变形模量始终恒定这一假定,采用损伤控制的三轴全过程循环加、卸载试验数据,基于原始曲线采用塑性变形与弹性变形分离的手段得到不同围压下的塑性体应变塑性主应变关系曲线(图 5.21～图 5.24),其中,图 5.21 与图 5.23 为 0MPa 围压和 10MPa 围压下原始曲线,图 5.22 与图 5.24 为两种不同围压下分离后的塑性体应变-塑性轴向应变关系曲线。可以看出,卸载点超过屈服点(裂隙贯通初始点),则卸载曲线不与加载曲线明显重合,形成塑性滞回环;依次连接每次循环加、卸载点所对应的塑性变形拐点,可以得到塑性体应变-塑性轴向应变关系(图 5.25)。

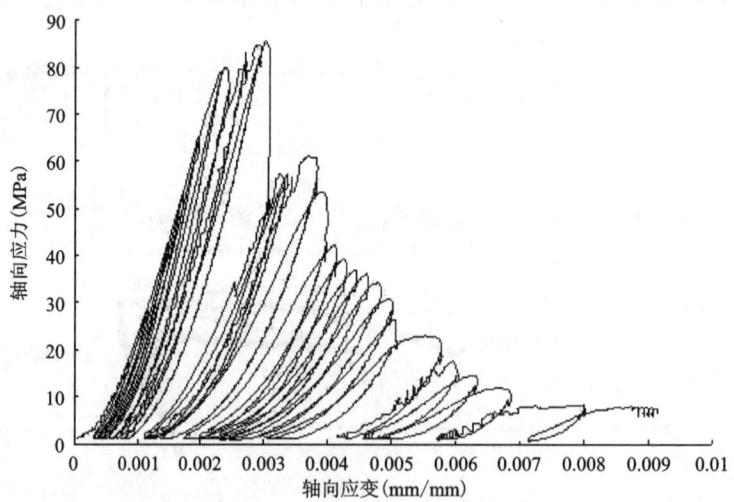

图 5.21　损伤控制加卸载试验中轴向应力应变曲线($\sigma_3 = 0$MPa)

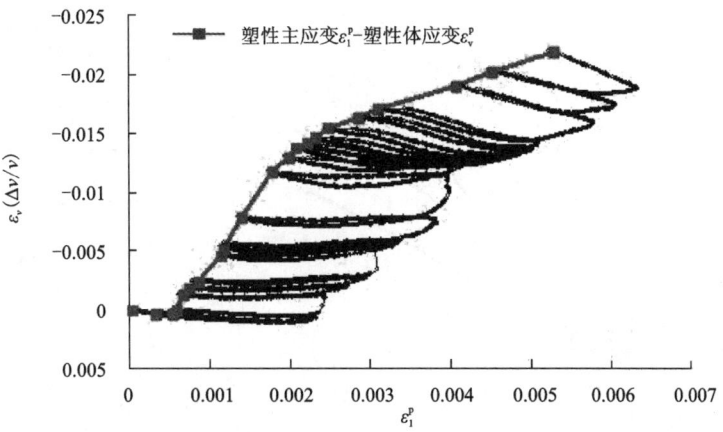

图 5.22 基于损伤加、卸载试验成果的塑性体应变-塑性主应变曲线($\sigma_3=0$MPa)

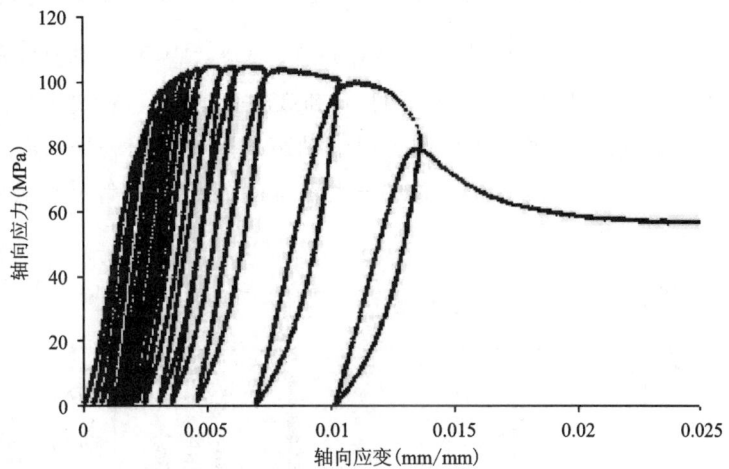

图 5.23 损伤控制加卸载试验中轴向应力应变曲线($\sigma_3=10$MPa)

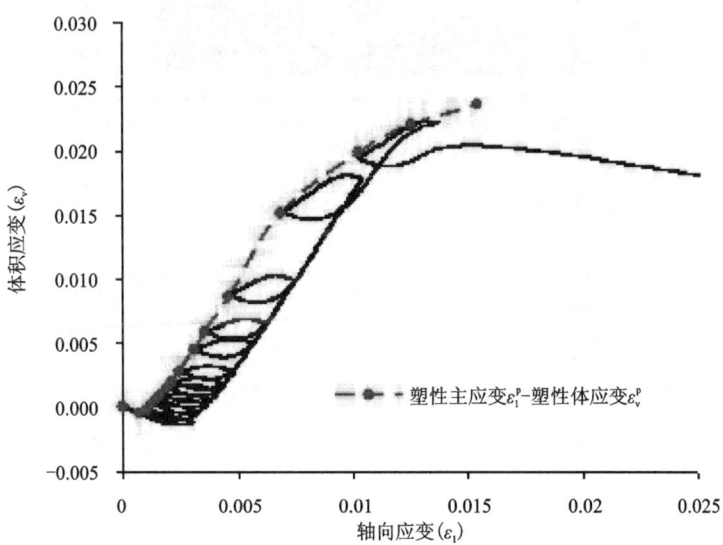

图 5.24 基于损伤加、卸载试验成果的塑性体应变-塑性主应变曲线($\sigma_3=10$MPa)

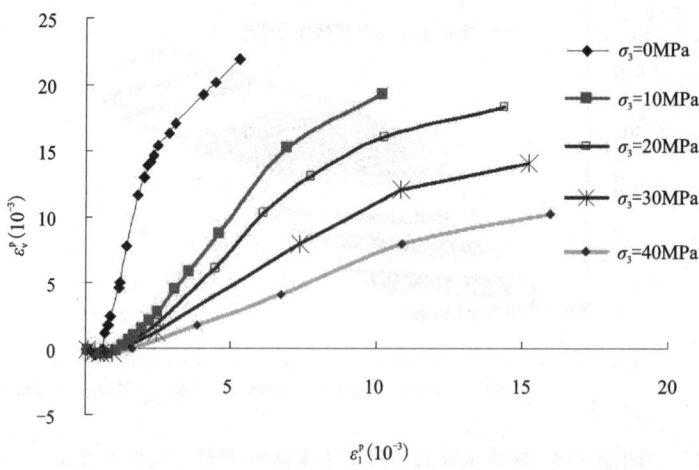

图 5.25　基于不同围压下损伤加、卸载试验成果的塑性体应变-塑性主应变曲线

对脆性岩石而言,在损伤控制三轴全过程循环加、卸载试验中,尤其是在单轴或低围压条件下,峰值强度附近屈服硬化和软化段岩石的加、卸载颇具难度,这就要求加载控制一定要采用应变控制模式;岩石破坏微观过程控制可以借助声发射装置安装高频声发射 AE 探头进行,可起到一定的效果。图 5.26 为单轴条件下大理岩损伤控制加、卸载试验中的 AE 声发射监测成果。

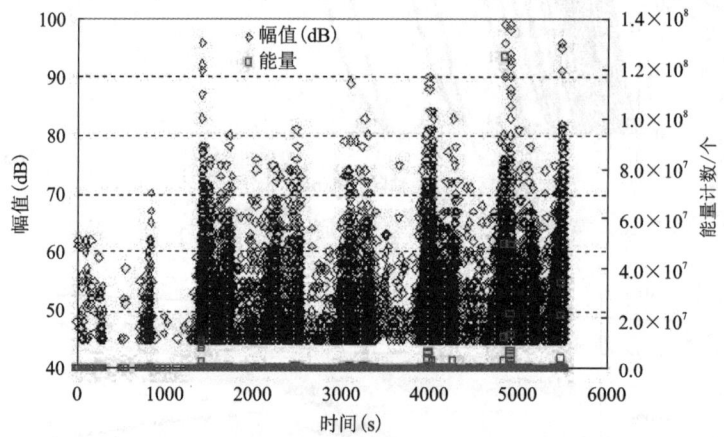

图 5.26　损伤控制加、卸载试验中的 AE 声发射监测成果

三、围压对剪胀效应的影响及塑性参数对剪胀效应的影响分析

塑性参数可采用不同方式进行定义,到目前为止并没有达成一致,常用的定义方式有两种:一种是内在变量的形式,另一种是塑性应变增量的形式。对于前者,广泛采用的参数是塑性剪切应变,可通过最大主塑性和最小主塑性应变的差值获得,本节将其引入预建的剪胀角模型中,即

$$\eta = \gamma_P = \varepsilon_1^P - \varepsilon_3^P \tag{5.8}$$

式中:η为塑性剪切应变γ_p;ε_1^p、ε_3^p分别为最大和最小主塑性应变。对于增量形式的塑性参数$\dot\eta$,其依赖于塑性应变增量,最常使用的表达式为

$$\dot\eta = \frac{\Delta\eta}{\Delta\tau} = \sqrt{\frac{2}{3}(\dot\varepsilon_1^p\dot\varepsilon_1^p + \dot\varepsilon_2^p\dot\varepsilon_2^p + \dot\varepsilon_3^p\dot\varepsilon_3^p)} \tag{5.9}$$

图 5.25 仅给出了不同围压下岩石扩容膨胀破坏全过程塑性体应变-塑性主应变曲线。根据式(5.8)可以给出该曲线上增量塑性关系图,既可以考虑采用数学手段求出图 5.24 等分段上的斜率,也可按照图 5.25 求取塑性第一主应变-塑性第三主应变关系曲线图上求导方式,采用式(5.9)求解剪胀角。由于在岩石启裂应力槛值与应力损伤强度之间塑性变形很小,相对峰后宏观破坏大变形属于小变形,因此只考虑从裂隙贯通阶段到峰值后区域。为了简化计算,负的剪胀角值忽略不计,塑性剪切应变η从 0 开始,此时剪胀角为 0,即岩石没有体积膨胀,因此,可以得到如图 5.27 所示的不同围压下剪胀角与塑性剪应变曲线。

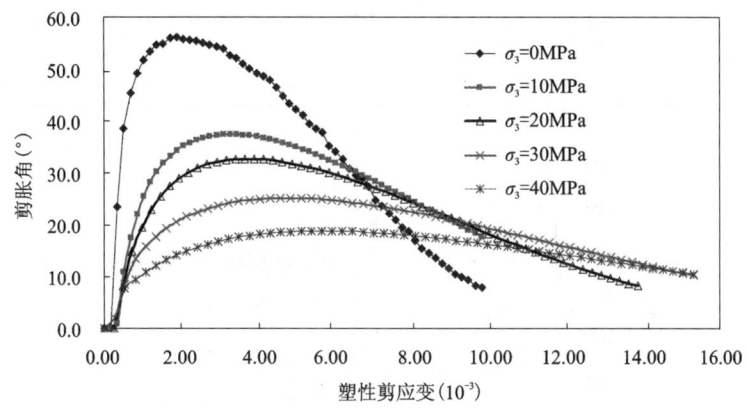

图 5.27 基于塑性体应变-塑性轴应变原始数据的剪胀角-塑性剪应变曲线

同时,从图 5.27 可以得出如下结论:

(1)岩石在三向应力条件下受载破坏过程中剪胀角并不是恒定不变的,随着裂纹的累积和发展,岩石体积膨胀导致岩石破坏,这个过程中剪胀角经历快速增加至某一峰值然后逐渐衰减的非线性变化趋势。

(2)低围压下的峰值剪胀角要大于高围压下的峰值剪胀角,且低围压下峰后的剪胀角衰减速率高于高围压下峰后的剪胀角衰减速率。

(3)岩石在无侧向围压下(也即单轴)破坏过程中扩容率最大,而且随着塑性剪应变增加到足够大时,岩石表现出塑性流动性,几乎表现不出体积扩容膨胀性,此时其剪胀角衰减至 0。

四、双参数非线性剪胀角模型

针对每种围压下的剪胀角-塑性剪应变曲线进行拟合。选取拟合函数的依据主要是其变化特征形态以及尽选取拟合函数的数据主要是根据其变化特征形态以及尽可能选取参数少的且相对简单的函数进行拟合。对于锦屏水电站大理岩类型,剪胀角随塑性剪切应变变化的最优拟合方程(单独拟合)如式(5.10)所示:

$$\psi = P_1 P_2 [\exp(-P_2\gamma_p) - \exp(-P_1\gamma_p)]/(P_1 + P_2) \tag{5.10}$$

其中,不同围压下参数 P_1、P_2 可通过拟合软件 Origin 进行拟合,对图 5.27 所示的数据进行拟合,回归得到呈非线性衰减幂函数分布,参数见表 5.2。由表 5.2 可知,P_1 与 P_2 均受到围压的影响,而且在 0~40MPa 围压范围内参数回归值呈幂函数衰减(图 5.28),可采用函数式(5.11)进行拟合回归参数 a_i 和 b_i,得到如表 5.3 所示的参数 a_1、b_1 和 a_2、b_2。

$$P_i = a_i \cdot (\sigma_3)^{b_i}, i = 1, 2 \qquad (5.11)$$

采用表 5.2 和表 5.3 所示参数代入式(5.10)和式(5.11)中,得到如图 5.29 所示的剪胀角-塑性剪应变全过程变化曲线。从该图可以看出与实际室内试验采集到数据经过处理得到的剪胀角变化规律具有很高的拟合度和一致性。根据该函数和曲线图可以通过插值得到 0~40MPa 范围内任何塑性剪应变下的剪胀角。

表 5.2 不同围压下双参数剪胀角模型参数回归值

σ_3 (MPa)	0	10	20	30	40
P_1	689	221	149	140	131
P_2	1024	428	334	301	287

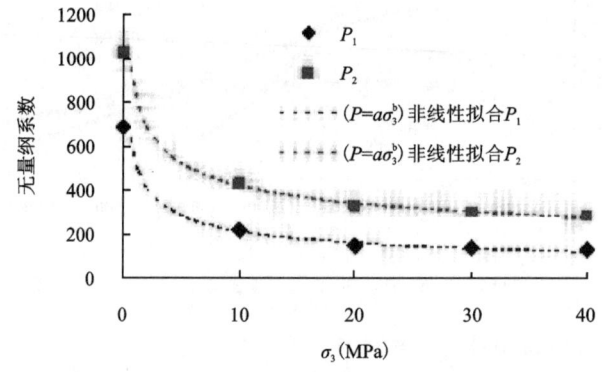

图 5.28 双参数剪胀角模型参数非线性拟合回归

表 5.3 不同围压下剪胀角模型参数的非线性拟合回归

岩石种类	参数 P_1		参数 P_2	
	a_1	b_1	a_2	b_2
大理岩	546.01	−0.403 82	854.49	−0.304 19

通过对雅砻江流域锦屏水电站中晶白色大理岩进行不同围岩下三轴压缩全过程应力应变试验以及基于损伤控制的考虑岩石损伤效应的峰前和峰后循环加、卸载三轴试验。从莫尔-库仑单线性和应变软化的双线性体积膨胀特征出发,结合室内试验成果,基于塑性力学理论,建立了能同时考虑围压效应和塑性硬化参量的双参数非线性剪胀角模型。研究表明:

(1)对于中硬岩大理岩,在破坏过程中扩容行为强烈依赖围压和岩石塑性参量,呈明显的非线性,其表现均为先快速增加至峰值,后随着塑性硬化逐渐减小的规律,且峰值剪胀角与围压成反比。

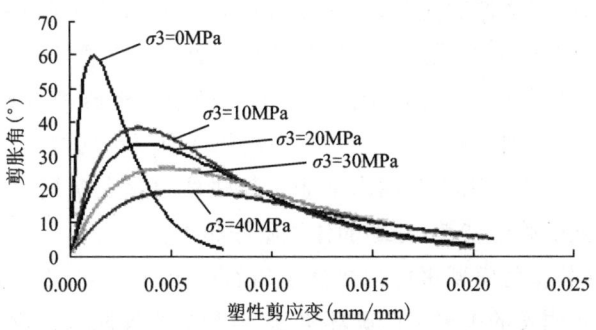

图 5.29　基于双参数剪胀角模型的回归后的曲线

(2) 小于 10MPa 围压范围内剪胀角随塑性硬化衰减最快,也即围压越小,大理岩峰后破坏表现出更强的脆性特性,伴随的体积膨胀越大。

(3) 双参数非线性剪胀角模型很好地描述了岩石破坏过程中的体积扩容特性,对于研究地下工程围岩应力变化诱发的围岩剪胀破坏机制、体积扩容膨胀区范围预测和围岩支挡的合理设计均具有一定的理论与工程应用价值。

第四节　本章小结

根据设计的试验方案,采用应力应变曲线、同步匹配 AE 监测及岩样径向纵波波速 3 种不同的试验方法测试锦屏水电站大理岩,以确定损伤强度,并对 3 种不同方法确定的损伤强度值进行对比研究;基于损伤控制加、卸载试验研究锦屏水电站大理岩的损伤强度、变形特性及压缩全过程中(包括峰前及峰后)强度参数随损伤变量的演化规律。从莫尔-库仑单线性和应变软化的双线性体积膨胀特征出发,结合室内试验成果,基于塑性力学理论,提出了采用双参数非线性函数拟合方法建立了能同时考虑围压效应和塑性硬化参量的剪胀角模型,得出如下有意义的结论:

(1) 锦屏水电站大理岩单轴压缩全过程中裂纹应变、AE 声发射活动及声波波速变化特征显著变化识别的启裂强度和损伤强度与单轴抗压强度的比值范围分别在 0.38~0.52 和 0.82~0.86 之间;3 种试验结果表明,在没有 AE 监测及波速测试手段时,采用体应变(含裂纹体应变)方法可以较为准确地获取试样的特征强度值。

(2) 通过峰前、峰后加、卸载试验获取每次循环下岩石的不可逆裂纹损伤增量,进而获得累计裂纹损伤量(不可逆体积应变)作为岩石损伤的度量,体现了岩石压缩破坏过程中损伤演化过程。

(3) 损伤控制加、卸载应力应变曲线表明,随循环次数增加,弹性模量也会逐渐衰减;由于微裂隙的累积,大理岩的损伤强度会在达到峰值强度前骤降,标志着裂纹滑移的损伤强度对损伤累积更为敏感,体现了强度和变形特性随损伤变化的演化规律。

(4) 基于损伤控制大理岩单轴压缩破坏试验得到了内摩擦角和黏聚力随损伤变量变化的规律。随着损伤的发展,黏聚力从峰值迅速下降,并很快到达残余门限值,而内摩擦角随着损伤的发展经历了先上升、再降低的过程,其中上升段是在大部分黏聚力损失后逐渐升高至峰值。研究成果对于揭示脆性岩石强度破坏机制具有重要的理论意义。

(5)对于中硬岩大理岩在破坏过程中扩容行为强烈依赖围压和岩石塑性参量,表现出明显的非线性,均是先快速增加至峰值,后随着塑性硬化逐渐减小的规律,且峰值剪胀角与围压成反比;试验表明小于10MPa围压范围内剪胀角随塑性硬化衰减最快,也即围压越小,大理岩峰后破坏表现出更强的脆性特性,伴随的体积膨胀越大。

(6)双参数非线性剪胀角模型很好地描述了岩石破坏过程中的体积扩容特性,对于研究地下工程围岩应力变化诱发的围岩剪胀破坏机制、体积扩容膨胀区范围预测和围岩支挡的合理设计均具有一定的理论和工程应用价值。

第六章　高应力脆性岩石时滞性力学模型及其工程应用

西部水电深埋隧洞围岩的破坏大部分以脆性破坏为主,专家学者们对此做了大量的研究工作,他们通过后期的监测及室内和现场试验,均发现深埋高应力岩石滞后破裂的现象。开挖后的岩石即使当时相当完整,但当掌子面向前推进到一定距离,应力场发生改变,就会引起区域内岩石的破裂,虽然开挖已完成,但破裂依然持续扩展,破裂扩展的深度远高于开挖时的情况,这种演化的破裂严重威胁到深埋隧洞整体的稳定性,其破裂引起的破坏形式为洞壁喷层开裂和剥落、锚杆失效等,这种破裂形式完全不同于传统意义上的软岩的流变特性。隧洞围岩的长期稳定性是影响工程安全与耐久性的关键问题。

深埋隧洞开挖以后围岩应力场发生改变,会引起一定区域内岩体的损伤,这种应力场的改变在不同特性、不同种类的围岩中会产生不同的破坏模式,深埋隧洞高应力水平下的大理岩具有脆、延、塑演化特征,本书已在前面章节探讨。深埋高应力围岩在围压较低时表现出脆性特征,在高应力作用下脆性岩体出现破裂损伤现象,当应力水平达到应力峰值的 $60\%\sim70\%$ 时往往会出现损伤,也就是说损伤并不是在峰值时才出现,所以岩体损伤是一种非常普遍的现象,初始阶段损伤尽管不会导致岩体强度和力学特性迅速恶化,但随着地下工程进一步开挖,损伤会朝着破裂的方向迅速发展,导致引水隧洞运行期间失稳破坏。

如何合理描述岩石强度的滞后破坏是目前迫切需要解决的问题之一。本书前面章节针对高应力围岩的滞后破坏效应特征展开了大量的基础性试验研究,包括高应力围岩的常规单轴压缩试验,时滞性单轴压缩实验,三轴强度加、卸载试验以及时滞性三轴压缩强度试验,通过试验研究可知,脆性岩石的应变是小范围的应变,而在软岩的蠕变试验中,应变的尺度大得多。针对高应力围岩滞后效性破坏的小应变特征,必须建立与之相适应的理论模型,而不能照搬原有流变理论中利用应变率来描述岩石时间效应的模型。本章在前文研究过的与时间相关的室内试验和现有的理论的基础上,建立了岩石强度随时间弱化的模型,该模型能合理地描述持续加载对岩石强度的弱化过程,获得岩石强度随时间弱化的演化规律,从理论机制上解释岩石的滞后破坏效应。

第一节　高应力下岩石强度准则研究

一、岩石不同围压下的莫尔-库仑强度准则分析

强度较高的脆性岩石在围压范围跨度很大的情况下，用单纯统一的莫尔-库仑强度准则难以合理表达岩石在不同应力条件下的强度特性，因为岩石强度包络线在围压由低向高转化进程中为一曲线，这时岩块的强度参数 c、φ 并非一个恒定的常量，二者的变化受破坏面上承受的正应力的影响。本书基于线性莫尔强度准则分析了大理岩和灰岩两种典型脆性岩石在不同围压水平段内强度参数黏聚力和内摩擦角的变化规律，且将围压应力水平分为 3 个等级，$0\sim15$MPa 为低围压应力水平，$15\sim35$MPa 为中等应力水平，$35\sim60$MPa 为高应力水平，然后在低、中、高围压应力水平条件下利用线性莫尔强度准则分别进行拟合。

1. 大理岩不同围压下的莫尔-库仑强度准则分析

对大理岩试样在加、卸载应力路径下，分别处于低、中、高围压时的强度进行线性莫尔-库仑强度准则拟合，拟合结果如图 6.1、图 6.2 所示，得到相应强度参数如表 6.1 所示。大理岩

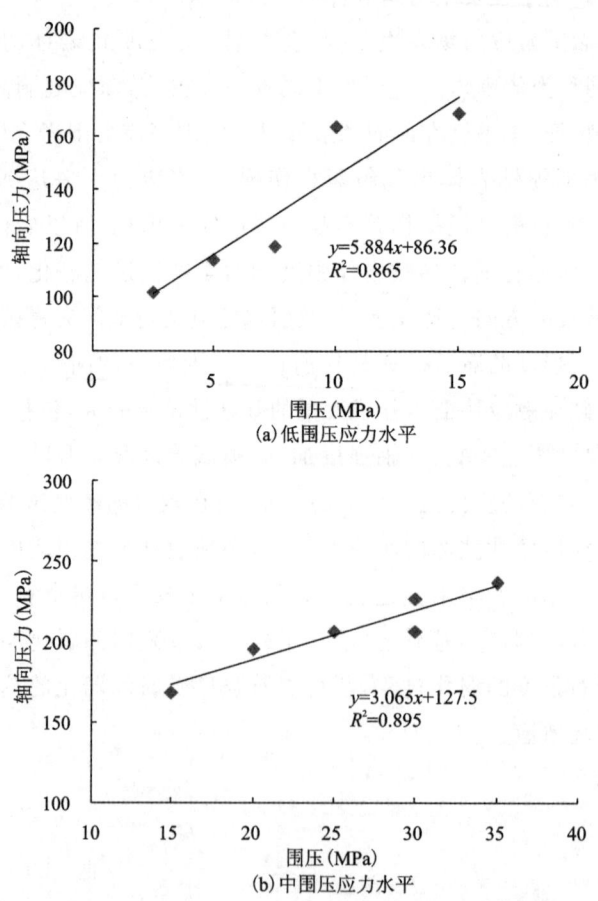

图 6.1　大理岩加载条件下（低、中、高围压）线性莫尔强度准则拟合

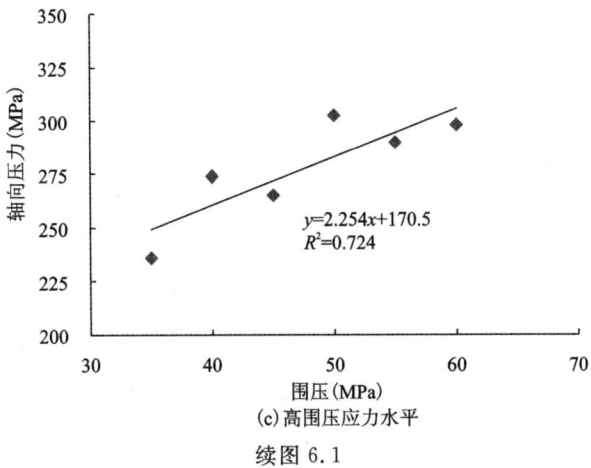

(c) 高围压应力水平

续图 6.1

试样在加、卸载应力路径下,不同围压范围影响时,内摩擦角呈现逐渐减小的变化趋势,而黏聚力随围压范围值的增大而增加,岩块强度参数 c 并不是恒定的常量,表现出较为显著的非线性特征。

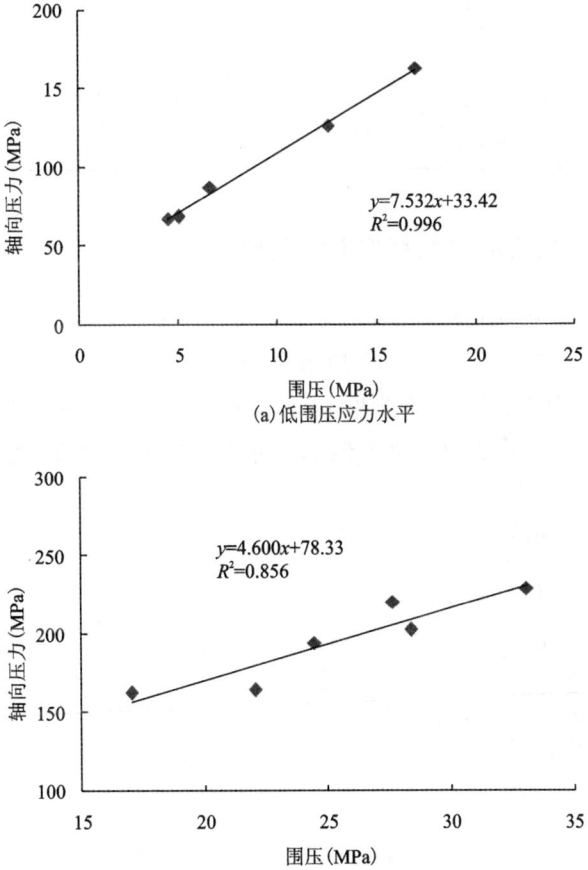

(a) 低围压应力水平

(b) 中围压应力水平

图 6.2　大理岩卸载条件下(低、中、高围压)线性莫尔强度准则拟合

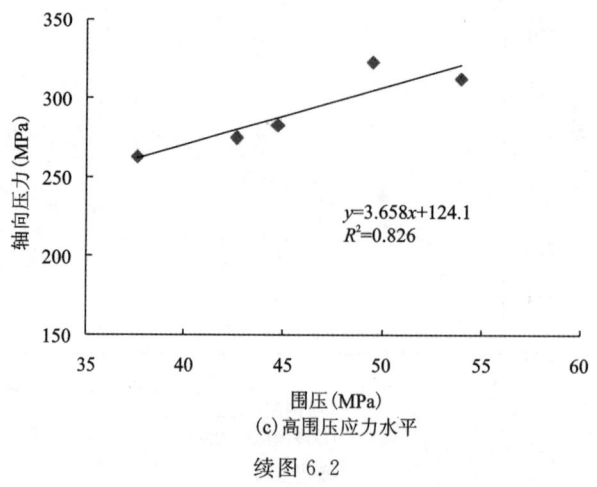

(c) 高围压应力水平

续图 6.2

表 6.1 不同围压范围大理岩三轴加、卸载影响下的 c、φ

岩石类别	围压大小(MPa)	加载		卸载	
		$\varphi(°)$	$c(\text{MPa})$	$\varphi(°)$	$c(\text{MPa})$
大理岩	0~15(低)	45.2	17.8	49.9	6.09
	15~35(中)	30.5	36.4	40.0	18.3
	35~60(高)	22.7	56.8	34.8	32.4
	0~60(总体)	33.9	29.3	42.6	12.5

2. 灰岩不同围压下的莫尔-库仑强度准则分析

对灰岩试样在加、卸载应力路径下,分别处于低、中、高围压时的强度进行线性莫尔-库仑强度准则拟合,拟合结果如图 6.3、图 6.4 所示,得到相应强度参数如表 6.2 所示。灰岩试样在加、卸载应力路径下,不同围压范围影响时,内摩擦角呈现逐渐减小的变化趋势,而黏聚力随围压范围值的增大而增加,岩块强度参数 c、φ 并不是恒定的常量,表现出较为显著的非线性特征。

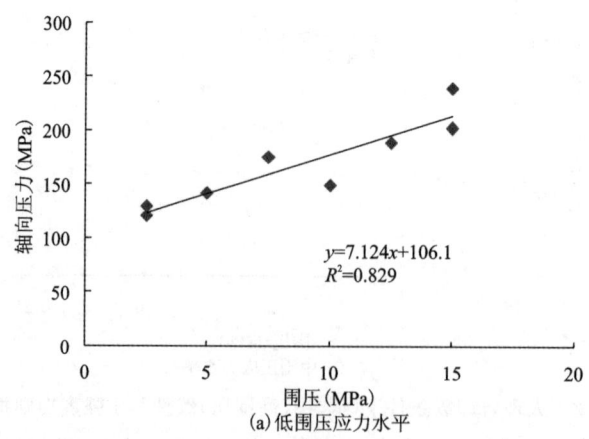

(a) 低围压应力水平

图 6.3 灰岩加载条件下(低、中、高围压)线性莫尔强度准则拟合

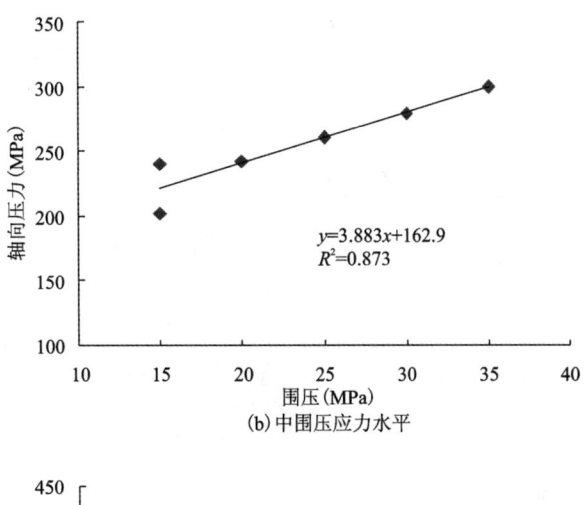

(b) 中围压应力水平

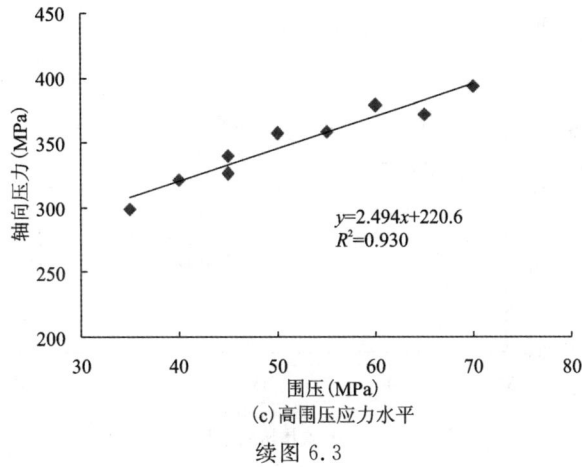

(c) 高围压应力水平

续图 6.3

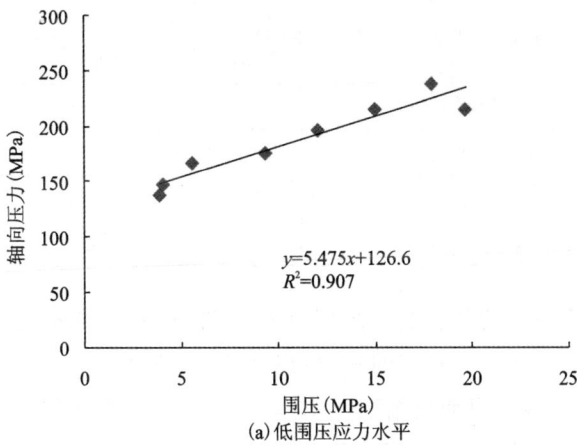

(a) 低围压应力水平

图 6.4 灰岩卸载条件下（低、中、高围压）线性莫尔强度准则拟合

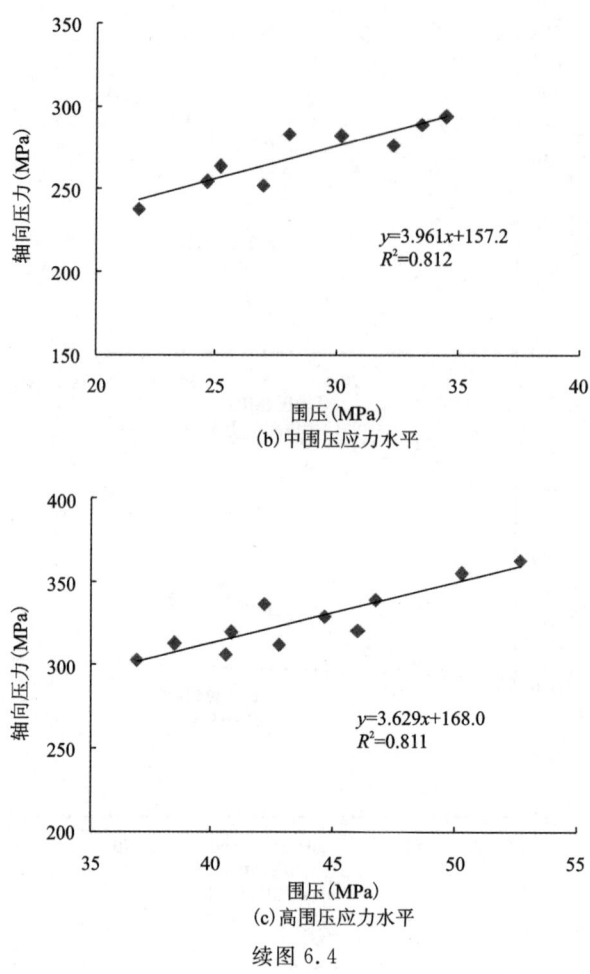

续图 6.4

表 6.2 不同围压范围灰岩三轴加、卸载影响下的 c、φ

岩石类别	围压大小(MPa)	加载		卸载	
		$\varphi(°)$	c(MPa)	$\varphi(°)$	c(MPa)
灰岩	0～15(低)	48.9	19.8	43.7	27.1
	15～35(中)	36.2	41.4	36.7	39.5
	35～60(高)	25.3	69.8	34.6	44.1
	0～60(总体)	35.7	36.9	39.5	33.1

通过对不同围压应力下的灰岩及大理岩试样三轴加、卸载强度试验成果进行分析，可以得到岩石在不同围压应力状态下对应的破裂角和内摩擦角是一个连续变化的值，它们不再是常数，而岩石强度存在非线性且明显增强。总体上，围压应力水平越高，相对低应力水平下的三轴强度参数中内摩擦角越小，而黏聚力相对增加。对于灰岩与大理岩这类脆性岩石，当围压小于或等于 15MPa 时，对应的强度参数内摩擦角明显高于围压值 15MPa 的内摩擦角，因

此可以认为围压值达到该区间时岩石试样强度随围压变化规律特征由线性过渡到非线性。

二、高应力下岩石强度的非线性特征分析

中国科学院武汉岩石力学研究所的一个重要课题就是岩石破坏准则或是岩石强度理论问题,该课题主要研究和解决处于各种应力状态下的岩石强度准则。在工程地质领域,与岩体强度相关的研究课题较多,例如岩质边坡的稳定性分析、岩石强度的预估、岩石地基承载力的判定、围岩的稳定性分析、围岩支护、不良地质作用等。

影响工程岩体稳定的一个主要因素就是高地应力,国内外大多数重要岩石工程均曾经或正在不同程度地受到高地应力的困扰。莫尔-库仑强度理论适用于当工程岩体处于15MPa以下较低应力状态,此时最大主应力作用面与破裂面的夹角为$45°±\varphi/2$。当工程岩体处于高应力时,莫尔-库仑强度就不再适用,因为此时岩石极限破坏,包络线不是折线形式而是曲线形式,此时对应的破裂角是一个连续变化的值,不再是常数,岩石强度表现为明显的非线性且增强明显。岩石在较低围压下表现为脆性,但是其在高围压下逐渐表现出延性特征,因此硬岩在高应力下破坏后会出现较大的塑性变形。

目前较为经典的岩石强度准则有莫尔-库仑强度准则、Hoek-Brown强度准则和Griffith强度准则和Griffith准则等。

1. 莫尔-库仑强度准则

莫尔-库仑强度准则是目前最简单、最基本、适用最广的岩石强度准则,它是一种线性关系,即

$$\sigma_1 = K\sigma_3 + Q \tag{6.1}$$

式中:K为围压对强度的影响系数;Q为岩石单轴压缩强度。式(6.1)还可以写成

$$\tau_s = \sigma_n \tan\varphi + c \tag{6.2}$$

式中:c为岩石的黏聚力;φ为内摩擦角。K、Q应分别满足:

$$K = \tan^2\theta_0 \tag{6.3}$$

$$Q = 2c\tan\theta_0 \tag{6.4}$$

式中:θ_0是岩石剪切破坏面的倾角,且有

$$\theta_0 = \frac{\pi}{4} + \frac{\varphi}{2} \tag{6.5}$$

2. Hoek-Brown强度准则

Hoke-Brown强度准则是在Griffith准则的基础上,通过大量的统计分析岩石三轴试验资料和岩体现场试验成果,最终推导出的一种强度准则,其表达式为

$$\sigma_1 = \sigma_3 + \sqrt{m\sigma_c\sigma_3 + s\sigma_c^2} \tag{6.6}$$

广义的 Hoek-Brown 强度准则可用下式表达：

$$\sigma_1 = \sigma_3 + \sigma_c \left(m \frac{\sigma_3}{\sigma_c} + s \right)^a \tag{6.7}$$

式中：σ_1、σ_3 为岩体破坏时的最大、最小主应力（MPa）；σ_c 为完整岩块单轴抗压强度（Mpa）；m、s、a 均为岩体的 Hoek-Brown 常数；m 反映岩体特征的宏观力学参数；s 反映岩体破碎程度。

当 $\sigma_3=0$ 时，得到岩体的单轴抗压强度：

$$R_c = \sqrt{s} \sigma_c \tag{6.8}$$

对于完整岩体，$s=1$；对于有破损的岩体，$0<s<1$。

当 $\sigma_1=0$ 时，得到岩体的单轴抗拉强度：

$$R_t = \frac{\sigma_c}{2}(m - \sqrt{m^2 + 4s}) \tag{6.9}$$

3. 幂函数型莫尔-库仑强度准则

幂函数型莫尔-库仑强度准则表达式为

$$\sigma_1 = a \sigma_3^b + \sigma_c \tag{6.10}$$

式中：a、b 均为参数；σ_c 为完整岩块单轴抗压强度。

幂函数型莫尔-库仑强度准则在 π 平面内曲线形态见图 6.5。定义 y 轴方向为偏平面内 σ_3 轴，x 方向为水平向坐标轴，则该强度准则在偏平面内的函数表达式为

$$\frac{\sqrt{2}}{2} x \cos\varphi - a \left(\frac{\sqrt{6}}{6} y + \sigma_m - \frac{\sqrt{2}}{2} x \sin\varphi \right)^b - c = 0 \tag{6.11}$$

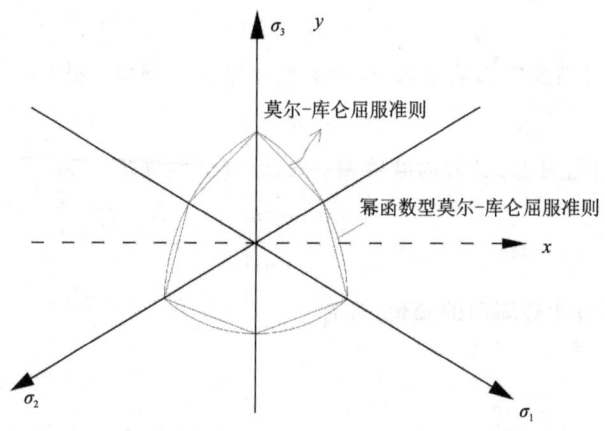

图 6.5 π 平面上幂函数型莫尔-库仑屈服准则包络线

4. 岩石高应力下非线性强度准则拟合分析

基于对试验结果的分析，分别采用莫尔-库仑强度准则、Hoek-Brown 强度准则（广义）及幂函数型强度准则对灰岩与大理岩在加、卸载应力路径上的强度进行拟合，拟合结果如图 6.6、图 6.7 所示，得到的相应强度参数如表 6.3 所示。

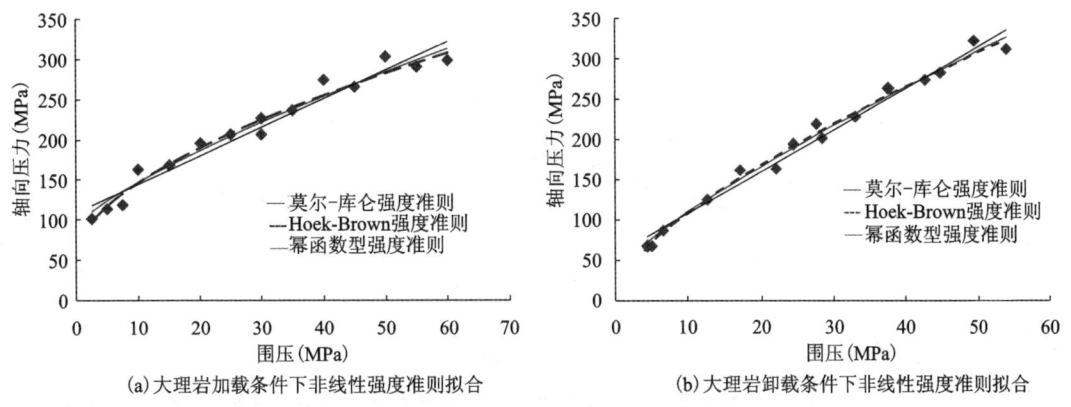

图 6.6　高应力大理岩加、卸载条件下非线性强度准则拟合

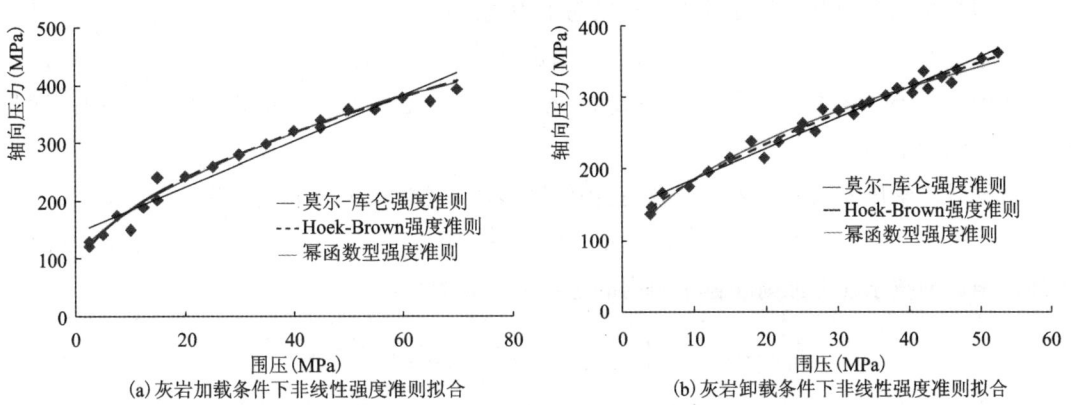

图 6.7　高应力灰岩加、卸载条件下非线性强度准则拟合

表 6.3　不同强度准则对灰岩及大理岩的拟合参数

岩性	应力路径	莫尔-库仑强度准则		相关系数	Hoek-Brown 强度准则（广义）			相关系数	幂函数型强度准则		相关系数
		K	Q	R^2	m	s	α	R^2	a	b	R^2
大理岩	加载	3.53	110.1	0.950	22.62	0.499	0.364	0.972	9.53	0.767	0.966
	卸载	5.19	56.78	0.979	10.02	0.038	0.605	0.989	12.51	0.793	0.987
灰岩	加载	3.83	144.5	0.938	50.41	0.893	0.362	0.975	22.96	0.623	0.973
	卸载	4.49	140.3	0.971	136.6	0.312	0.262	0.981	55.18	0.442	0.975

由图 6.6、图 6.7 及表 6.3 可知，岩石三轴加卸、载强度表现出较为明显的非线性特征。Hoek-Brown 强度准则（广义）及幂函数型强度准则对描述非线性特征显著的岩石强度曲线具有优势，能够反映拟合曲线的走向，对高应力状态下岩石的强度特征表现出更高的拟合精度，可用于评价处于高应力状态下岩石强度特征。

由图 6.6 和图 6.7 可以看出，岩石在低应力水平下强度准则大致呈线性关系，而在高应力状态下并非线性关系。本书在大量的试验基础上，提出了采用幂函数拟合强度包络线，反映大理岩在不同应力水平下的内摩角强度的变化特征，如图 6.8 所示。

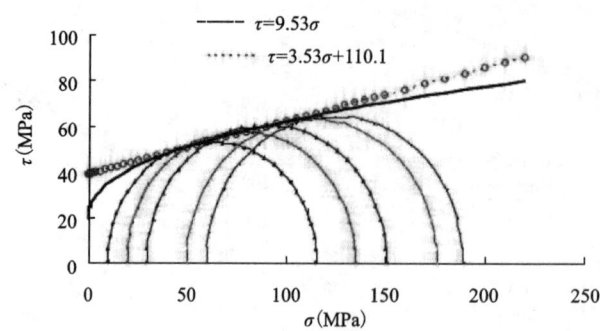

图 6.8　线性莫尔强度包络线及非线性幂函数强度包络线对比

采用的幂函数型莫尔强度准则表达式为上面的式(6.12)

$$\tau = a\sigma^b + c \tag{6.12}$$

式中：a、b 均为参数，c 为黏聚力。式中，若令 $a = \tan\varphi$（φ 为内摩擦角），$b=1$，则式即为线性莫尔强度准则。

根据对三轴压缩试验结果的拟合，获得的幂函数型 Mohr 强度表达式为

$$\tau = 9.531\sigma^{0.767} + 18.8 \tag{6.13}$$

上述幂函数型莫尔强度准则在偏平面内的函数表达式为

$$\frac{\sqrt{2}}{2}x\cos\varphi - a\left(\frac{\sqrt{6}}{6}y + \sigma_m - \frac{\sqrt{2}}{2}x\sin\varphi\right)^b - c = 0 \tag{6.14}$$

岩石在高应力条件下强度表现出显著的非线性特征，在围压范围很大的情况下，线性的强度准则无法准确描述岩石从低围压到高围压的强度变化规律。基于莫尔-库仑强度准则对岩石分别在低、中、高围压段下的强度特征进行拟合分析，得到不同围压范围段的强度参数相互间的差异性较大，表明高应力条件下随着围压的变化强度参数并非一个恒定的常量。幂函数型莫尔强度包络线与试验得到的莫尔圆相切，故幂函数型强度准则对于描述高应力条件下岩石强度的非线性特征具有优势，能够较好地反映从低围压到高围压岩石的强度特性变化规律。

第二节　高应力下岩石本构关系研究

莫尔-库仑强度理论适用于当工程岩体处于 15MPa 以下较低应力状态，此时最大主应力作用面与破裂面的夹角为 $45°\pm\varphi/2$；当工程岩体处于高应力时，莫尔-库仑强度理论就不再适用，因为此时岩石极限破坏包络线不是折线形式而是变为曲线形式，此时对应的破裂角是一个连续变化的值，不再是常数，岩石强度表现为明显的非线性且增强明显。本章第一节已经研究了高应力条件下大理岩和灰岩的三轴压缩非线性强度特征，即岩石在较低围压下表现为脆性，但是其在高围压下逐渐表现出延性特征，因此硬岩在高应力下破坏后会出现较大的塑性变形。对于深埋隧洞的开挖，应力大，应力变化也大，线性屈服准则会造成大的误差。高应

力条件下,用线性屈服准则得到的强度要比实际强度高,其包络线随着围压的增大逐渐向上偏离,在此情况下幂函数型非线性莫尔强度准则更符合工程实际。

一、岩石加载损伤统计本构模型

对于岩石材料而言,线弹性只会出现在较小的应力应变状态下,当应力应变状态较大时,岩石呈现非线性与非弹性。为了描述材料性质的非均匀性,假定岩石微元强度服从 Weibull 分布,其概率密度函数为

$$P(F)=\frac{m}{F_0}(F/F_0)^{m-1}\exp[(F/F_0)^m] \tag{6.15}$$

式中,$P(F)$ 为岩石微元强度分布函数;F 为微元强度随机分布参数(例如强度、弹性模量、泊松比等)的分布变量;m 与 F_0 为 Weibull 分布参数,反映岩石材料的力学性质,其中 m 为形状参数。得到三轴条件下岩石损伤统计本构模型为

$$\sigma_1=E\varepsilon_1\exp\left\{-\left[\frac{(\sigma_1-\sigma_3)E\varepsilon_1-(\sigma_1+\sigma_3)E\varepsilon_1\sin\varphi}{2F_0[\sigma_1-\mu(\sigma_2+\sigma_3)]}\right]^m\right\}+\mu(\sigma_2+\sigma_3) \tag{6.16}$$

将式(6.16)进行变换,取对数得

$$\ln\frac{\sigma_1-\mu(\sigma_2+\sigma_3)}{E\varepsilon_1}=-\left[\frac{(\sigma_1-\sigma_3)E\varepsilon_1-(\sigma_1+\sigma_3)E\varepsilon_1\sin\varphi}{2F_0[\sigma_1-\mu(\sigma_2+\sigma_3)]}\right]^m$$

等式两边再取对数,得

$$\ln\left[-\ln\left(\frac{\sigma_1-\mu(\sigma_2+\sigma_3)}{E\varepsilon_1}\right)\right]=m\ln\left[\frac{(\sigma_1-\sigma_3)E\varepsilon_1-(\sigma_1+\sigma_3)E\varepsilon_1\sin\varphi}{2[\sigma_1-\mu(\sigma_2+\sigma_3)]}\right]-m\ln F_0 \tag{6.17}$$

在上式中,令

$$y=\ln\left[-\ln\left(\frac{\sigma_1-\mu(\sigma_2+\sigma_3)}{E\varepsilon_1}\right)\right],\quad x=\ln\left[\frac{(\sigma_1-\sigma_3)E\varepsilon_1-(\sigma_1+\sigma_3)E\varepsilon_1\sin\varphi}{2[\sigma_1-\mu(\sigma_2+\sigma_3)]}\right]-m\ln F_0$$

则可得到

$$y=mx+b \tag{6.18}$$

利用试验结果对 m 和 b 进行回归分析,可以求得 m,再利用下式

$$F_0=\exp(-b/m) \tag{6.19}$$

可以求得 F_0。从而可以求出 m 与 F_0 的值。

大理岩初始泊松比 $\mu=0.22$,初始弹性模量 $E=57.1\text{GPa}$,内摩擦角 $\varphi=41.4°$,线性拟合得到不同围压下岩石损伤统计本构模型的参数,见表 6.4。

表 6.4 高应力下大理岩损伤统计本构模型参数表

围压(MPa)	m	F_0
10	3.328	355.09
20	1.505	559.64
30	0.88	687.05
35	1.152	721.41
40	0.974	734.54

二、不同应力水平下大理岩本构关系

岩石在应力达到峰值之后会出现应变软化。按对峰后应力跌落方式处理的不同,用于描述脆性岩石峰后破坏特性的本构模型大致可分为两类,如图6.9所示的应力跌落类和线性软化类的弹-脆-塑性本构模型是针对脆性岩石破坏的本构模型。

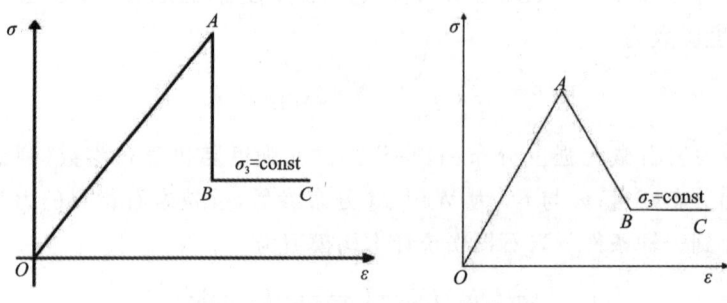

图6.9 弹脆塑性本构模型示意图

由前面第三章节研究的高应力下室内三轴试验全过程曲线特征可知,在围压较小时,大理岩应力应变全过程曲线表现出一定的脆性,即达到应力峰值后会有一定应力跌落现象的脆性特征;当围压继续增加到一定范围值内,应力应变曲线后区会表现出一定延性(即某一段内应力几乎不随应变增加而减小),应变继续增加后再跌落;当围压增大到某值以上后,应力应变曲线后区表现出理想塑性流动特征。对大理岩室内不同应力水平下三轴试验应力应变全过程曲线特征进行分析总结,可知大理岩峰前采用弹性模量或变形模量描述应力应变关系,后区采用相应的脆延塑性描述,其应力应变本构关系特征如图6.10所示。在10~12MPa围压水平下,大理岩岩块表现出一定的脆性特征,围压的增加使延性特征增加,当围压增加到更高如35MPa时,岩块出现接近理想弹塑性变化的特征。

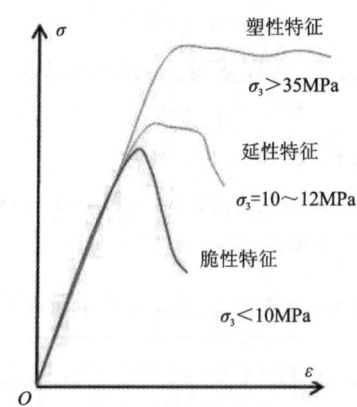

图6.10 高应力下大理岩本构关系特征

了解和利用好隧洞开挖以后围岩围压分布和变化,选择合理的岩体应力应变本构关系进行数值计算和分析,进行工程设计。这一思路体现了对特定条件下围岩本构关系的把握,也是施工中科学进行优化设计的最重要的理论基础之一。

第三节 高应力下围岩时滞性破坏特性研究

深埋隧洞开挖以后围岩应力场发生改变,会引起一定区域内岩体的损伤,这种应力场的改变在不同特性、不同种类的围岩中会产生不同的破坏模式,深埋隧洞高应力水平下的大理岩具有脆、延、塑演化特征,本书前面章节已探讨,深埋高应力围岩即在围压较低时表现出脆性特征,在高应力作用下脆性岩体出现破裂损伤现象,当应力水平达到应力峰值的60%~70%时往往会出现损伤,也就是说损伤并不是在峰值时才出现,所以岩体损伤是一种非常普遍的现象,初始阶段损伤尽不会导致岩体强度和力学特性迅速恶化,但随着地下工程进一步开挖,损伤会朝着破裂的方向迅速发展,会导致引水隧洞运行期间失稳破坏。

一、围岩发生时滞性破坏过程中其参数随损伤时间劣化的特征

基于前文一系列室内试验研究得到岩石强度、黏聚力 c 和内摩擦角 φ 随损伤时间延长而降低,这在本质上是岩石表层裂纹逐步向内部扩展,从而使岩石内部受到损伤,为了合理描述大理岩的滞后破坏效应,可以用损伤力学的观点进行研究阐述,从而建立滞后破坏模型。可以看出,损伤是时间的函数,对于岩石材料,可以采用连续介质损伤力学,而损伤变量又与时间有关,所以深埋隧洞围岩力学特性的损伤演化可认为是力学参数随损伤时间缓慢发生变化的过程。

1. 岩石单轴压缩强度和损伤时间的关系

岩石受荷后,岩石内部结构发生损伤与劣化,内部裂纹开始扩展。在深埋的地下储藏核废料会受到时间和周围高地应力的影响,破坏的时间依赖于施加荷载的大小。本书第二章针对大理岩和灰岩展破裂扩展的时间效应开展了时滞性单轴破坏试验,分别作出了应力强度随时间的变化曲线和驱动应力水平随时间对数变化的关系曲线,这两种关系曲线均可用指数函数来模拟。由关系曲线图得到,在高段驱动应力水平区域,关系曲线无限接近于横轴,意味着接近无穷小,也即是会发生瞬间破坏;在低段驱动应力水平区域,关系曲线无限接近纵轴,意味着接近无穷大,也即是受长期荷载作用破坏所需要的时间;如果将破坏需要无限长时间的驱动应力水平称为破坏驱动应力水平的极限值$(\sigma/\sigma_c)_{\lim}$,那么该值趋近于0.62,此时对应的应力值为67.6MPa,相当于岩石单轴压缩的长期强度,借用陈宗基教授的"第三屈服强度"的概念,此67.6MPa就相当于"第三屈服强度",该点标志着岩石由弹性阶段向塑性阶段转化,且岩石荷载达到此极限值后,岩石便随着荷载的增加出现时间劣化现象。

由第二章可知,应力强度与时间具有指数变化关系,对时滞性单轴试验中的应力强度随时间变化的关系曲线进行拟合处理,用指数关系式进行回归,得到应力强度跟损伤时间的关系为

用关系式 $\sigma_c = A \cdot e^{\frac{B}{t}}$ 进行回归,得

$$\sigma_c = 67.6 \cdot e^{\frac{12.503}{t}} \tag{6.20}$$

$$\sigma_1/\sigma_f = 0.62 \cdot e^{\frac{12.503}{t}} \qquad (6.21)$$

如果将破坏需要无限长时间的驱动应力水平称为驱动应力水平的极限值$(\sigma/\sigma_c)_{\lim}$,则该值趋近于0.62。在高段驱动应力水平区域,关系曲线无限接近于横轴,意味着接近无穷小,也即是会发生瞬间破坏;在低段驱动应力水平区域,关系曲线无限接近纵轴,意味着接近无穷大,也就是受长期荷载作用破坏所需要的时间,意味着破坏极限的时间很长,所对应的应力值即为岩石的长期强度。

2. 岩石三轴压缩强度和损伤时间的关系

由第三章研究内容可知,破坏驱动应力水平随岩石破坏所需时间的关系曲线及驱动应力水平和时间t_f的对数的关系曲线均可用指数函数来进行拟合,对其进行拟合处理,其关系式为

$$(\sigma_1 - P)/(\sigma_f - P) = 0.55 \cdot e^{\frac{12.503}{t}} \qquad (6.22)$$

破坏驱动应力水平为$\sigma/\sigma_c = (\sigma_1 - P)/(\sigma_f - P)$,其中$\sigma_1$为试验过程中加载的轴压,$P$为施加的侧向应力值,$\sigma_f$为常规三轴压缩试验中测得的应力峰值。根据应力强度随时间的变化曲线及岩石破坏所需的时间与破坏驱动应力水平的关系曲线得到,在高段驱动应力水平区域,关系曲线无限接近于横轴,意味着接近无穷小,也即是会发生瞬间破坏;在低段驱动应力水平区域,关系曲线无限接近纵轴,意味着接近无穷大,也即是受长期荷载作用破坏所需要的时间,意味着破坏极限的时间很长,所对应的应力值即为岩石的长期强度;如果将破坏需要无限长时间的驱动应力水平称为破坏驱动应力水平的极限值,该值趋近于0.55,此时对应的应力值为113MPa,相当于岩石三轴压缩(围压为30MPa)的长期强度,将此拟合曲线关系进行外延,可以获取相对较低破坏驱动应力水平下岩石破坏所需滞后时间的预测;当达到破坏驱动应力水平的极限值0.55以后,岩石强度随受损时间的延长而降低,故岩石的强度随时间延长有损伤劣化作用。

3. 黏聚力c、内摩擦角φ随损伤时间的关系

基于前文一系列室内试验的研究得到岩石强度、黏聚力c和内摩擦角φ随损伤时间延长而降低,这在本质上是岩石表层裂纹逐步向内部扩展,从而使岩石内部受到损伤,为了合理描述大理岩的滞后破坏效应,可以用损伤力学的观点进行研究阐述,从而建立滞后破坏模型。选取不同的变化函数,其参数变化过程也不一样。第3章已经绘出了黏聚力和内摩擦角两个强度参数随损伤时间变化的关系曲线,对曲线进行拟合得到黏聚力和内摩擦角随损伤时间变化的关系式为

$$\begin{cases} C_t = -k_c t \cdot + C_0 \,(t < t_0) \\ C_t = C_r \,(t \geqslant t_0) \end{cases} \qquad (6.23)$$

$$\begin{cases} \varphi_t = k_\varphi t \cdot + \varphi_0 \,(t < t_0) \\ \varphi_t = \varphi_r \,(t \geqslant t_0) \end{cases} \qquad (6.24)$$

二、描述岩石时滞性破坏的力学模型

以数值仿真方法研究深埋高地应力脆性岩体力学特性时,其力学模型就应合理地反映岩体屈服后其区域内岩体的力学参数因围岩开挖引起的损伤从而发生变化的特征。而岩石的损伤又与时间有关,故开挖后的岩体屈服后其力学参数是随时间发生变化的一个动态演化过程,可假设 c、φ 都是随时间变化的函数,采用公式(6.23)和公式(6.24)来表达。

在数值循环计算过程中,岩体屈服后就可以依据式(6.23)、式(6.24)更新力学参数,使 c、φ 随时间进行动态调整。为合理模拟现场开挖岩体的力学参数随损伤时间动态变化,在 FLAC3D 的有限差分法中,每一计算步依据式(6.23)、式(6.24)给出的随时间变化的函数参数不断更新岩石的力学参数,在多次计算过程中,采用莫尔-库仑屈服函数,其表达式为

$$\begin{cases} f^s = \sigma_1 - \sigma_3 N_{\varphi(t)} + 2c(t)\sqrt{N_{\varphi(t)}} \\ N_{\varphi(t)} = \dfrac{1+\sin\varphi(t)}{1-\sin\varphi(t)} \text{ 或 } N_{\varphi(t)} = \text{tg}(45°+\varphi/2) \end{cases} \quad (6.25)$$

$$f^t = \sigma_t - \sigma_3 \quad (6.26)$$

由于模型中定义的 c、φ 两个力学指标是随时间变化的函数,故在数值计算中,岩体力学参数随着单元不断更新,反映了深埋地下高应力围岩在开挖卸荷后不断受损、不断劣化的过程,将此应用于数值分析中,可求出损伤后的应力场和位移场。

第四节 某水电站地下厂房洞室群围岩稳定性分析

为掌握地下厂房洞室群开挖过程中围岩随时间的变形规律、变形量、可能的围岩失稳破坏模式及部位等围岩力学行为,故必须在洞室群大规模开挖前开展数值随时间动态仿真开挖分析,综合评价洞室稳定性。为此,采用数值模拟技术对厂房典型机组段进行分布开挖模拟,分析和总结开挖过程中围岩的位移场、应力场、塑性区等的分布特征和演化规律,为地下厂房的开挖支护设计改进、监测布置等提供参考。

一、工程概况

某水电站位于四川省凉山地区,总装机容量大约为 4800MW,单机容量可达到 600MW,额定水头近 290m,多年平均发电量约 240 亿 kW·h,年利用小时约 5000h。工程区位于锦屏山断层东部康滇台隆属扬子准地台的川滇南北向构造体系,主要由一系列南北向的褶皱、压性断裂以及和其有成生联系的低序次压扭性断层、张扭性断层、平移断层所组成。构造主要有锦屏山断层、周家坪断层、古鼓楼断层、大沟断层、呷里坪断层、羊坪子断层、新火村断层、九溪头断层、白塔沟断层、何家铺断层、老庄子背斜、民胜乡向斜。

该区地质环境复杂,主要表现为:①沟谷深切,谷坡陡峻;②断裂、褶皱发育,地震活动强烈,岩石风化强烈,岩体破碎;③斜坡上松散覆盖层厚度大、分布广。该水电站位于雅砻江中

游,地处青藏高原向四川盆地过渡的斜坡地带,沟谷切割深度1000~2000m,为典型的高山峡谷地貌,地形陡峻、山高坡陡。该区域地处鲜水河断裂带、安宁河断裂带、则木河-小江断裂带及金沙江-红河断裂带所围限的"川滇菱形断块"东部,历来构造活动较强烈,导致区域山体支沟极为发育。区内岩体以砂板岩、变质岩为主,本身岩体裂隙就较发育,同时受岩性、构造及地下水活动影响,岩体裂隙风化现象较明显。

按《中国地震动参数区划图》(GB 18306—2015)及《建筑抗震设计规范》局部修订附录A,本工程区在西昌市辖区内地震动峰值加速度分别为0.3g、0.2g,在盐源县和木里县辖区内地震动峰值加速度为0.15g,地震区划应分别为Ⅷ、Ⅶ度区,地震多与南北向构造相关。

二、数值计算条件

为了评价穿越厂区对主厂房和主变室影响较显著的f16、f65、f36断层对洞室群的稳定性,计算模型选取典型机组段剖面作为分析断面,其中坐标原点为机窝底板位置,X轴指向下游为正,Y轴垂直于计算平面,Z轴竖直向上。在厂房区域,与厂房洞轴线夹角较小的f16、f65、f36断层对洞室稳定影响显著,同时结合厂房机组剖面断层分布特点,数值计算模型中模拟了断层f65、f16、f36共3条断层。计算模型中包含了地下洞室群的主体洞室,如主厂房、主变开关室、母线洞、尾闸室、尾水洞、高压管道,共含11 300个单元(图6.11)。

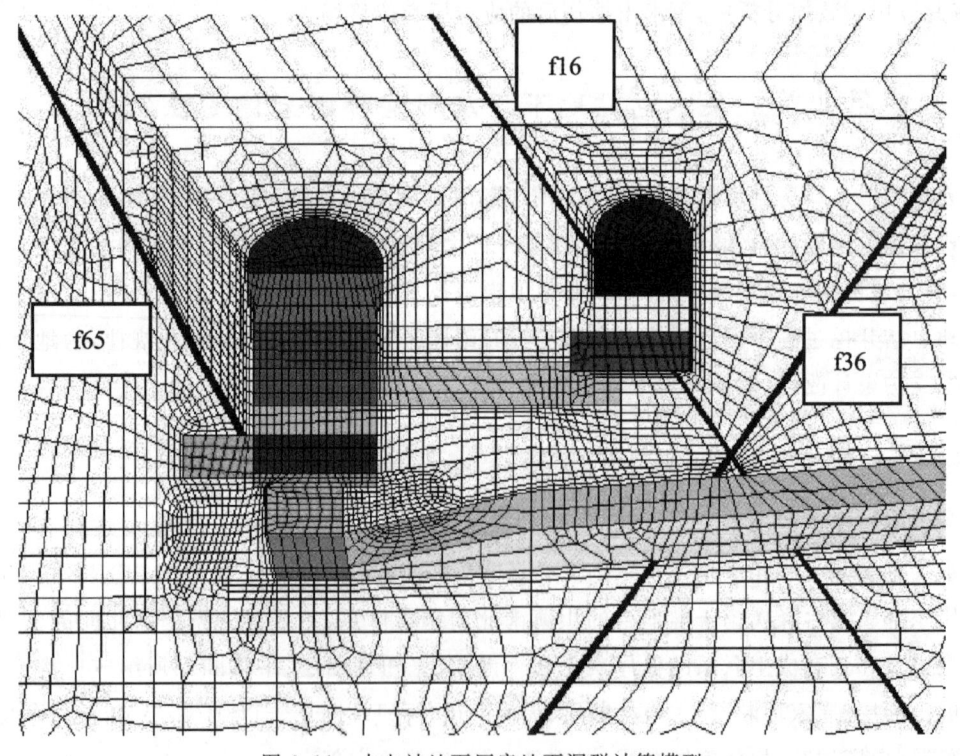

图6.11 水电站地下厂房地下洞群计算模型

三、力学模型与计算参数

模型采用莫尔-库仑本构准则[式(6.25)、式(6.26)],考虑到岩体抗拉强度较小,当岩体内部出现拉应力时,采用最大拉应力强度准则[见式(6.26)]。

在本次研究中,在工程地质相关研究成果和现场调研的基础上,结合上文分析过的岩体参数随时间劣化的特性,确定计算中的力学参数见表6.5。

表 6.5 大理岩参数表

E (GPa)	μ	φ_0 (°)	φ_r /	c_0 (MPa)	c_r (MPa)
7.5	0.23	30	40	2.5	0.85

四、地应力模拟

采用多元线性回归的方法获得了地下厂房洞室群区域的初始应力场分布规律(图6.12)。

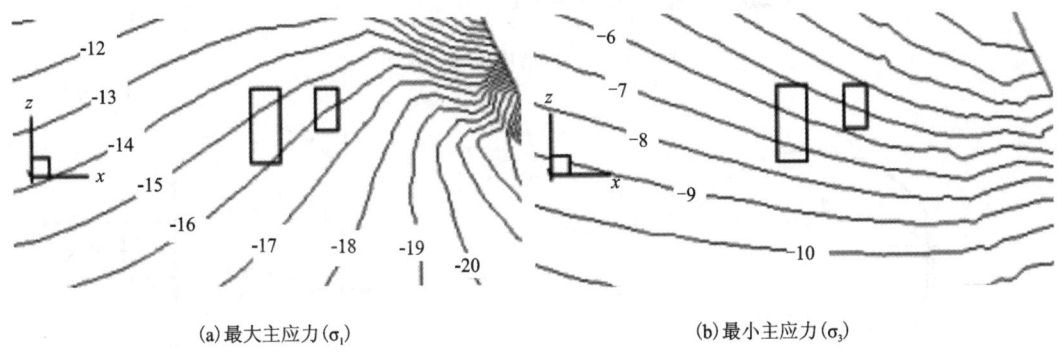

(a) 最大主应力(σ_1)　　　　　(b) 最小主应力(σ_3)

图 6.12　地下厂房典型剖面初始地应力等值线图(单位:MPa)

五、支护结构模拟

地下厂房主要支护形式包括普通砂浆锚杆、预应力中空注浆锚杆、预应力锚索和喷钢纤维混凝土,在数值计算中分别采用了 Cable 杆单元和 Shell 壳单元加以模拟,图6.13为支护结构施加示意图。

六、开挖分析方案

地下厂房分期开挖方案设计中,主厂房分9层开挖,主变室分4层开挖(图6.14),考虑时间效应,整个地下洞室群分为8期开挖完成。计算中采用的分层高度和开挖分期方案见表6.6。

图 6.13 支护结构施加示意图

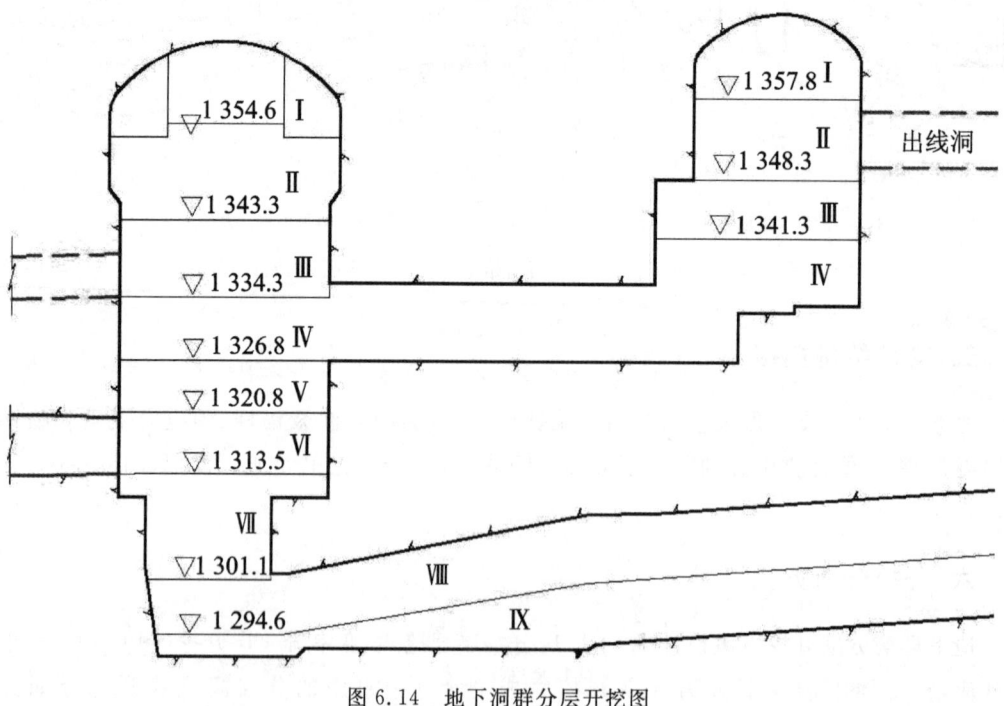

图 6.14 地下洞群分层开挖图

表 6.6 地下洞群分期开挖过程

分期	主厂房	主变室	其他
第1期	主厂房Ⅰ层		
第2期	主厂房Ⅱ	主变Ⅰ层	
第3期	主厂房Ⅱ层	主变Ⅱ层	母线洞开挖
第4期	主厂房Ⅲ层	主变Ⅲ层	尾水隧洞上层
第5期	主厂房Ⅳ层、主厂房Ⅷ层		尾水隧洞上层
第6期	主厂房Ⅴ层、主厂房Ⅸ层		尾水隧洞下层
第7期	主厂房Ⅵ层	主变Ⅳ层	
第8期	主厂房Ⅶ层	主变Ⅳ层	

七、成果分析

为了模拟地下厂房洞室群开挖过程中围岩随时间的变形规律、变形量、可能的围岩失稳破坏模式及部位等围岩力学行为，对厂房的开挖支护进行分步模拟，获得地下洞室群区域洞群围岩在分期建设过程中的位移场、应力场和塑性区随时间的分布演化规律，现分别对主厂房、主变室分析如下。

1. 主厂房围岩力学行为分析

(1) 图 6.15 为主厂房分期开挖过程中围岩位移场演化，表 6.7 为厂房关键点位置围岩位移量。开挖过程中，围岩的位移是不断变化的，洞室开挖完成后，厂房拱顶位移量约 40mm；上游岩锚梁位移约 70mm；下游岩锚梁位移约 38mm；上游边墙 EL1320 区域是主厂房位移量最大的区域，位移约 77mm；下游边墙 EL1320 区域位移约 70mm。另外，厂房下游侧机窝上方突出体位移也较大。这表明洞室开挖，损伤向围岩深部扩展。

(2) 图 6.16 为主厂房围岩位移随开挖期的变化曲线，跟踪围岩位移随开挖期的变化过程可见，洞室各关键部位的围岩位移都是随厂房分层向下开挖过程而不断增大的，不存在某一期的开挖使围岩位移突然增加。故开挖后围岩的位移表现出明显的时间效应。

(3) 图 6.17 为主厂房开挖完成后围岩最大与最小主应力云图。洞室开挖完成后，围岩应力场发生了明显改变，即发生应力二次重分布现象。受区域构造应力场控制，厂房下游侧拱存在较大的应力集中($-36 \sim -30$MPa)，而上游侧拱出现一定的应力松弛($-2 \sim 0$MPa)。此外厂房机窝位置也存在较大应力集中(-30MPa)，而母线洞与厂房交接部位、高压管道与厂房交接部位、机窝上方台阶应力松弛较为明显。故围岩开挖后，发生的应力二次重分布使围岩受到损伤。

(4) 洞群开挖完成后，洞壁围岩塑性区深度一般约 2m；主厂房下游侧拱和机窝位置存在较明显的剪切塑性区(深 $2 \sim 4$m)；而厂房上游边墙、母线洞靠近厂房侧、机窝上方台阶(深 $3 \sim 5$m)一般为张拉塑性区(图 6.18)。

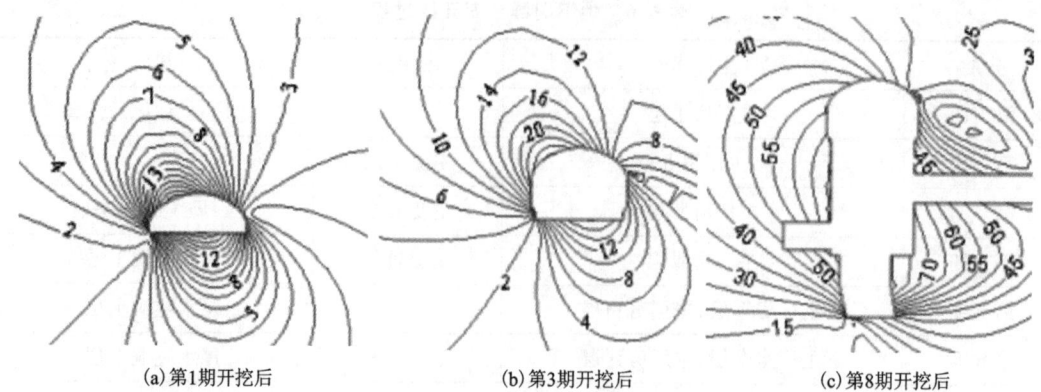

(a) 第1期开挖后　　　　　(b) 第3期开挖后　　　　　(c) 第8期开挖后

图 6.15　主厂房分期开挖过程中围岩位移场演化（单位：mm）

表 6.7　厂房关键点位置围岩位移量　　　　　单位：mm

位置	位移量
厂房拱顶	40.2
厂房上游拱座	58.4
厂房下游拱座	30.1
上游岩锚梁	70.9
下游岩锚梁	37.8
上游边墙 EL1339	69.9
下游边墙 EL1339	50.9
上游边墙 EL1320	77.1
下游边墙 EL1320	69.9
机窝侧壁	44.1
下游台阶 EL1306	76.3

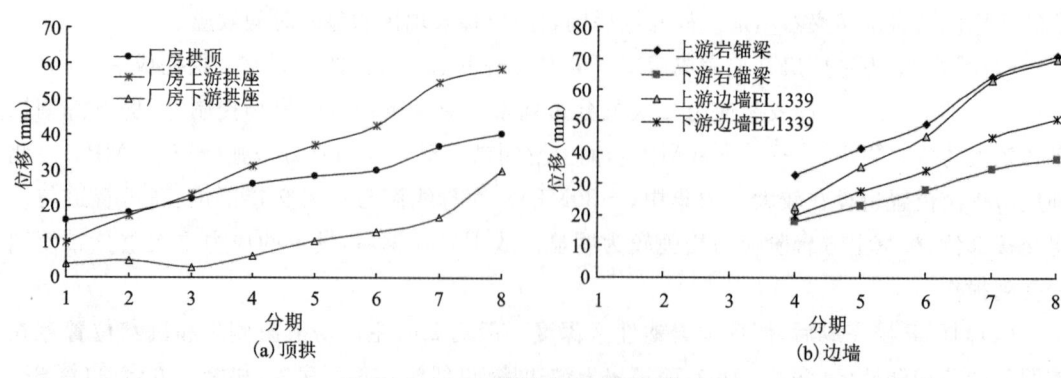

图 6.16　主厂房围岩位移随开挖期变化

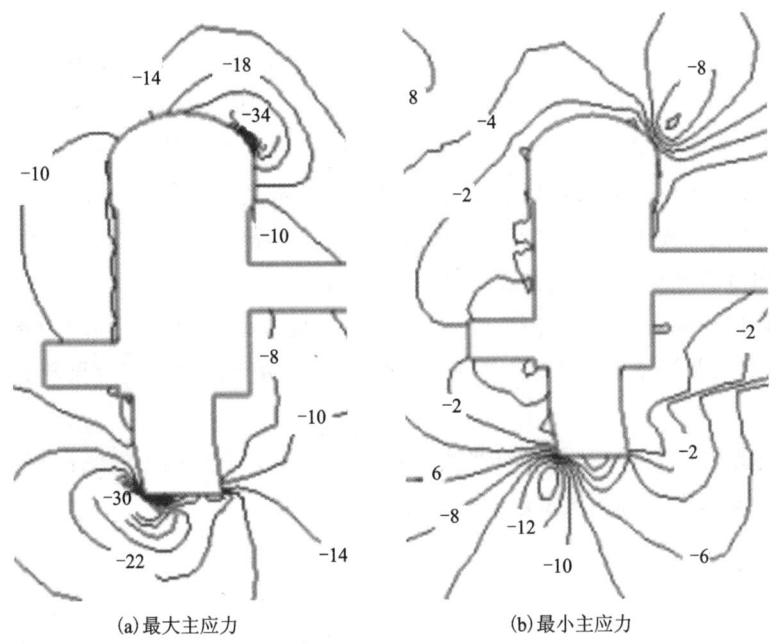

(a) 最大主应力   (b) 最小主应力

图 6.17　主厂房开挖完成后围岩最大与最小主应力云图（单位：MPa）

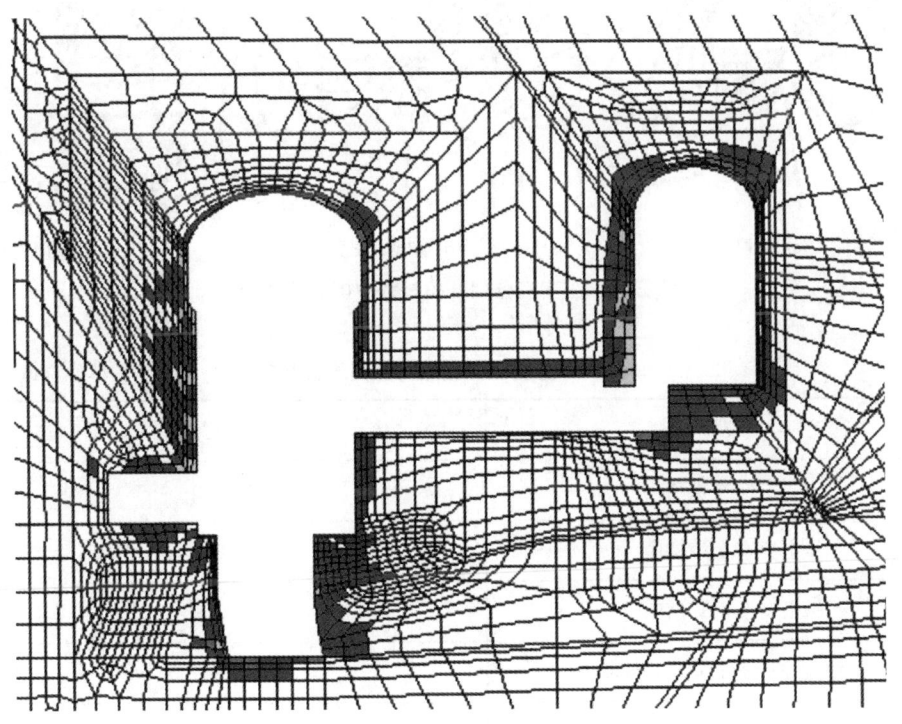

图 6.18　洞群开挖完成后围岩塑性区分布

2. 主变室围岩力学行为分析

(1)图 6.19 为主变室分期开挖过程中围岩位移云图。主变室开挖完成后，洞室拱顶位移约 26mm，上游拱座位移约 38mm，下游拱座位移约 26mm，边墙位移 41～44mm（表 6.8）。

(2)图 6.20 为主变室分期开挖过程中关键点位移变化曲线，图 6.21 为主变室开挖完成后围岩最大与最小主应力云图。跟踪围岩位移随开挖期的变化过程及主变室围岩关键部位位移随开挖期的变化过程可见，洞室各关键部位的围岩位移都是随厂房分层向下开挖过程而不断增大的，表明围岩开挖后，其位移表现出明显的时间效应。

(3)洞室开挖完成后，受区域构造应力场控制，主变室下游侧拱存在应力集中（－30MPa 左右），而上游侧拱及洞室边墙出现一定的应力松弛，表明开挖后受应力重新分布的影响，围岩损伤加剧。

(4)洞群开挖完成后，洞壁围岩塑性区一般深度约 2m，主变室下游侧拱存在较大的剪切塑性区（深 3～4m），而上游侧拱及边墙一般为张拉塑性区。

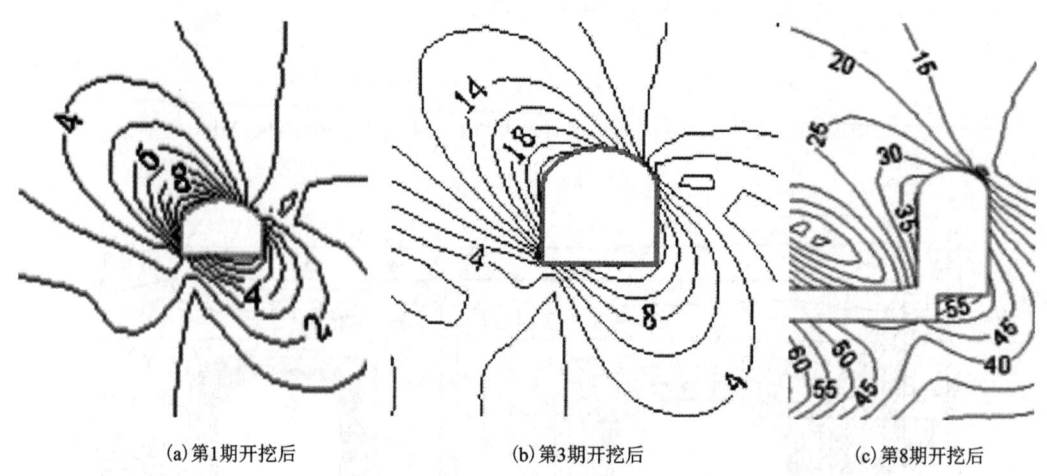

(a)第1期开挖后　　　　(b)第3期开挖后　　　　(c)第8期开挖后

图 6.19　主变室分期开挖过程中围岩位移云图

表 6.8　主变室关键点位置围岩位移量　　　　单位：mm

位置	位移量
主变室拱顶	25.9
主变室上游拱座	38.4
主变室下游拱座	25.9
主变室上游边墙 EL1356	41.0
主变室下游边墙 EL1348	43.9

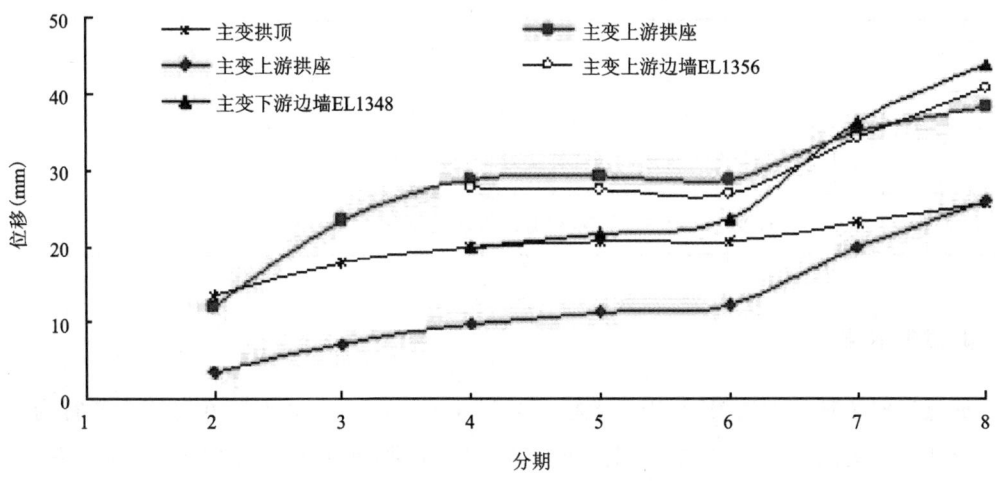

图 6.20 主变室分期开挖过程中关键点位移变化曲线

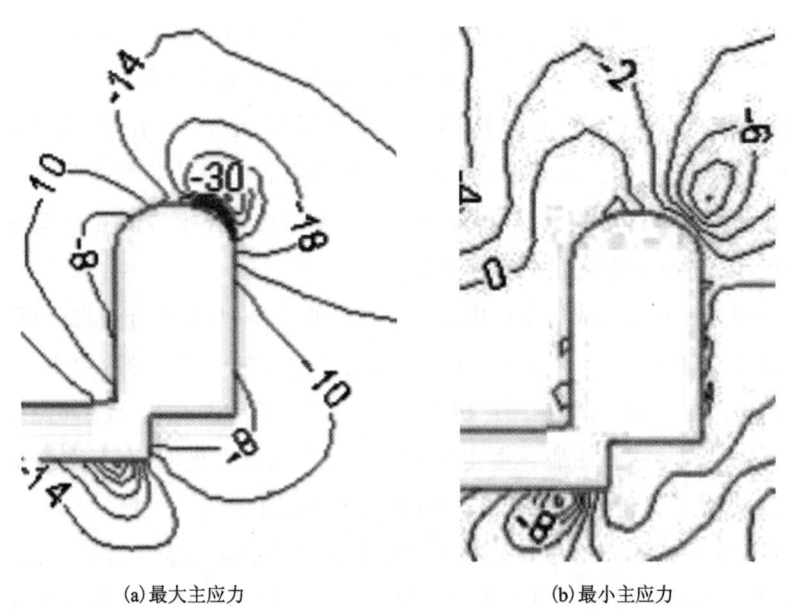

(a)最大主应力　　　　　　　(b)最小主应力

图 6.21 主变室开挖完成后围岩最大与最小主应力云图(单位:MPa)

3. 锚杆与锚索受力分析

仿真计算假定洞室每一期开挖完成后,各洞室开挖面都及时进行了锚杆或锚索支护,并施加相应的初始预应力(包含普通砂浆锚杆、预应力锚杆、不同吨位预应力锚索)。计算结果表明洞室开挖完成后,锚杆和锚索的受力都在其设计荷载范围内(表6.9)。

表 6.9　主厂房和主变室锚杆或锚索受力特征

洞室	受力特征
主厂房	预应力锚杆受力 160～180kN,上游边墙预应力锚索受力 1340～1520kN,下游对穿锚索受力 1530～1780kN,普通砂浆锚杆受力 130～150kN
主变室	预应力锚杆受力 150～175kN,普通砂浆锚杆受力 100～130kN

4. 成果小结

通过选取合理的本构模型,用数值模拟方法研究了高地应力下脆性岩体力学行为,该模型既反映高应力的影响,又反映时间的影响,宏观上来讲,就是能准确地反映岩体屈服后力学参数随围岩的损伤时间的改变而改变这个基本特征。为反映岩体屈服后力学参数随时间的动态变化过程,数值计算中运用的参数值 E、c、φ 都是随时间变化的函数,在数值循环计算过程中,运用式(6.23)、式(6.26)更新力学参数,使 E、c、φ 随损伤时间进行动态调整,在 FLAC3D 的差分动态循环求解中,每一计算循环步依据给出的参数随时间变化的函数更新一次材料的力学参数。运用上文中的考虑高地应力和时间影响的本构模型,模拟地下厂房洞室群开挖过程中围岩随时间的变形规律、变形量、可能的围岩失稳破坏模式及部位等围岩力学行为,对厂房的开挖支护进行分步模拟,获得地下洞室群区域洞群围岩在分期建设过程中的位移场、应力场和塑性区随时间的分布演化规律。

(1)通过分析洞室开挖完成后主厂房和主应变室的位移、变形的分布规律可知,洞室的开挖使损伤向围岩深部扩展。主厂房下游侧拱和机窝位置存在较明显的应力集中,围岩表现为剪切屈服,而厂房上游侧墙、母线洞与厂房交接部位、高压管道与厂房交接部位应力松弛较明显,围岩破坏模式表现为张拉屈服。主变室下游侧拱存在应力集中,而上游侧拱及洞室边墙出现一定的应力松弛。故随着时间,围岩受损慢慢向深部扩展。

(2)通过跟踪主厂房围岩位移和主变室围岩位移随开挖期的变化过程可见,开挖后围岩的位移表现出明显的时间效应。洞室各关键部位的围岩位移都是随分期开挖过程而不断增大的,不存在某一期的开挖使围岩位移突然增加。

(3)洞室开挖完成后,发生的应力二次重分布使围岩受到损伤,围岩应力场发生了明显改变,即发生应力二次重分布现象。受区域构造应力场控制,厂房下游侧拱存在较大的应力集中。主变室下游侧拱存在应力集中,而上游侧拱及洞室边墙出现一定的应力松弛。

(4)通过分析洞群开挖完成后围岩塑性区分布和破坏模式可知,数值仿真计算中出现的破坏模式与前文通过力学实验和微细观测试研究得到的高应力脆性岩石破坏模式是一致的。主厂房下游侧拱和机窝位置存在较明显的应力集中,围岩表现为剪切屈服;而厂房上游侧墙、母线洞与厂房交接部位、高压管道与厂房交接部位应力松弛较明显,围岩破坏模式表现为张拉屈服；主厂房下游侧拱和机窝位置存在较明显的剪切塑性区，而厂房上游边墙、母线洞靠近厂房侧、机窝上方台阶为张拉塑性区。主变室下游侧拱存在应力集中，而上游侧拱及洞室边墙出现一定的应力松弛。主变室下游侧拱存在较大的剪切塑性区，而上游侧拱及边墙一般为张拉塑性区。

第五节 本章小结

本章通过对高应力下岩石强度准则的研究、高应力下岩石强度的非线性特征分析、岩石不同围压下的莫尔-库仑强度准则分析、高应力下岩石的本构关系的研究以及高应力岩石时滞性破坏特征的分析，得到以下一些结论。

（1）岩石在高应力条件下强度表现出显著的非线性特征，在围压范围很大的情况下，线性的强度准则无法准确描述岩石从低围压到高围压的强度变化规律。基于莫尔-库仑强度准则对岩石分别在低、中、高围压段下的强度特征进行拟合分析，得到不同围压范围段的强度参数相互间的差异性较大，表明高应力条件下随着围压的变化强度参数并非一个恒定的常量。Hoek-Brown 准则、幂函数型准则等非线性强度准则对描述高应力条件下岩石强度的非线性特征具有优势，能够较好地反映从低围压到高围压岩石的强度特性变化规律。

（2）开展基于 MTS 系统的不同应力状态（低围压、中围压、高围压）下、不同应力路径的深埋高应力岩石的三轴压缩试验。分析多种不同高应力岩石力学特性，比较常规应力水平和高应力水平下岩石的三维应力强度参数与强度屈服准则的差异性。针对深埋高地应力条件下呈现出的非线性的岩体变形强度特性，推导出了高应力下岩石的本构关系及强度准则。

（3）大理岩和灰岩在较低围压下均表现出一定的脆性，在高围压下转化为延性，高应力下大理岩和灰岩破坏后均会产生较大的塑性变形。线性关系无法很好地反映岩石试样围压与强度的变化规律，而幂函数型非线性莫尔强度准则能较好地描述高应力三轴强度特性。

（4）在研究时滞性单轴压缩试验、时滞性三轴压缩强度试验及现有的理论基础上，建立应力强度及破坏驱动应力水平随损伤时间变化的关系。

（5）针对高应力围岩滞后效性破坏的小应变特征，必须建立与之相适应的理论模型，而不能照搬原有流变理论中利用应变率来描述岩石的时间效应的模型。针对前文与时间相关的室内试验和现有的理论经验建立了岩石强度参数随时间劣化的模型，该模型能合理地描述持续加载对岩石强度的劣化过程，获得岩石强度随时间弱化的演化规律，从理论机制上解释了岩石的滞后破坏效应。

（6）由于时滞性破坏模型中强度参数 c、φ 两个力学指标是随时间变化的函数，在数值计算中，岩体力学参数是随着单元而不断更新，以此来反映洞室开挖过程扰动了岩石，使岩石发生了劣化的本质。将其应用于数值分析中，分析了损伤后的应力场和位移场。

（7）损伤区内的岩体力学参数（弹性模量 E、黏聚力 c、内摩擦角 φ）随着损伤时间的延长不断降低，即开挖后围岩一定区域内的岩体特性发生了劣化，为反映围岩损伤区内岩体力学参数劣化特性，拟合出了强度参数 c、φ 随时间变化的函数，同时考虑高地应力岩石受到时间和周围高地应力的影响，选取既考虑高应力又考虑损伤时间因素的力学模型模拟围岩劣化的范围和深度，具有重要的现实意义。

第七章 结论与展望

第一节 主要研究成果与结论

本书围绕"高应力作用下脆性岩石时滞性破坏特性"这一关键科学问题,采用室内岩石力学试验及微细观测试试验研究、理论分析和典型工程数值模拟计算相结合的研究方法。主要研究成果如下:

(1)选取具代表性的高应力脆性大理岩和灰岩,通过基于 RMT 系统的高应力岩石在不同应力状态、不同应力路径下的常规单轴压缩试验和时滞性单轴压缩试验研究,分析了其强度特征、应力应变特征及其破坏模式,获得高应力岩石的应力强度、破坏驱动应力水平随损伤时间的变化关系,并对关系曲线进行拟合,得到均为指数函数关系,并且分析比较高应力岩石常规单轴压缩的破坏模式和时滞性单轴压缩的异同点。

(2)针对高地应力条件下地下洞室典型围岩大理岩与灰岩试样,开展了基于 MTS 系统的不同应力状态(低围压、中围压、高围压)下的岩石三轴压缩加、卸载破坏试验,分析了各种应力路径条件下采用不同围压时岩石的变形强度特征,探讨了常规应力水平和高应力水平下岩石强度与变形特性的差异性。结果表明,大理岩与灰岩在低围压加载路径下均表现出较为明显的脆性,且随着围压的逐渐增大表现出一定的延性特征;相对于加载路径岩石在卸载应力路径下峰后脆性更为显著,与三轴加载强度参数相比,两种岩石的三轴卸载强度参数均表现为内摩擦角增加及黏聚力降低的一致性规律。

(3)岩石在高应力条件下强度表现出显著的非线性特征,在围压范围很大的情况下,线性的强度准则无法准确描述岩石从低围压到高围压的强度变化规律。基于莫尔-库仑强度准则对岩石分别在低、中、高围压段下的强度特征进行拟合分析,得到不同围压范围段的强度参数相互间的差异性较大,表明高应力条件下随着围压的变化,强度参数并非一个恒定的常量。Hoek-Brown 准则、幂函数型准则等非线性强度准则对描述高应力条件下岩石强度的非线性特征具有优势,能够较好地反映从低围压到高围压岩石的强度特性变化规律。

(4)循环加、卸载对岩石的裂纹发展是不可逆的,若以岩石循环加、卸载试验获取的不可逆的裂纹应变累计值作为岩石损伤的度量,随损伤变量的增加,岩石弹性模量、损伤强度和峰值强度均会下降,但随着损伤变量达到至某值后,损伤强度会发生迅速降低,而峰值强度随着损伤累积仍会保持增加然后缓慢降低。

(5)通过研究大理岩和灰岩在不同应力状态(低围压、中围压、高围压)下的岩石三轴加载试验，得到其破坏模式。低围压下大理岩主要为剪切破坏，也可能在局部位置发生劈裂破坏，断面具有唯一性，发生破裂的断口不光滑，非常粗糙，逐步增大围压的情况下，最大主应力与破坏面的夹角会越来越大，发生破裂的主要断口由粗糙变得光滑平整，破碎的晶粒会附着在破裂面上。岩样宏观破裂角其角度与内摩擦角计算得到的破裂角并不重合，岩样破裂面很大程度上取决于层理面的产状，与层理面基本一致。灰岩试样在不同围压作用下的三轴压缩破坏模式为围压对岩体破坏机制有一定的影响，但灰岩的隐性层理对试样破裂形式有着较大的影响。低围压条件下，灰岩试样大部分会发生脆性张破坏，劈裂破坏面呈片状，岩样破坏时会产生大量的贯穿裂缝，这些裂缝的方向平行于主应力方向，岩样破坏时会听到清脆的破裂声；随着围压升高，岩石试样大部分会发生剪破坏，岩样破坏面为单一剪切面，在某些情况下岩样破坏面会由两个相互交叉相连的面共轭形成。同时，岩样中也存在一定数量的轴向劈裂面，随着围压的继续升高，岩样破坏形式为典型单一剪切滑移破坏。由于隐性层理的存在，灰岩的破裂面基本与隐性层理平行。

（6）通过研究大理岩和灰岩在不同应力状态（低围压、中围压、高围压）下的岩石三轴卸荷试验，得到卸荷破坏模式。大理岩岩样以脆性破坏为主。岩石呈张性破裂，破裂面与层理面近似平行，但是随着围压增大，岩样由张拉破坏变成剪切破坏。灰岩岩样破裂面沿着张裂缝发育、扩展，直至破坏，这些裂缝中有一条或数条主要的张裂缝，同时伴生多条微型次级裂缝，但是随着围压增大，岩体破坏变为剪切破坏，破裂面比较单一，继续增大围压时，岩样破坏变为张剪破坏。由此说明虽然围压影响灰岩的破坏模式，但灰岩的隐性层理对试样破裂形式有着更为显著的影响。

（7）选择大理岩作为研究对象，研究了时滞性三轴压缩试验，试验结果表明，岩石在有围压的时滞性破坏试验中均为小变形的脆性破坏，且表现出明显的时滞性破坏特征，试验中岩样破坏的滞后时间甚至达到数小时甚至数天，围压使岩石破坏的滞后时间大大增加；在高应力下，随损伤时间的延长，岩石强度参数内摩角和黏聚力随损伤的增加发生的规律，随着损伤的发展，黏聚力从峰值迅速下降，并很快到达残余极限值；内摩擦角开始时表现为增大，但是随着损伤的发展又会出现降低的现象，当大部分黏聚力损失后内摩擦角达到峰值。研究成果对于揭示脆性岩石强度破坏机制具有重要的理论意义。时滞性压缩试验中岩样破坏呈片状而不是块状，裂纹的方向大都平行于轴向，由于围压的存在，围压越大，岩石时滞性破坏强度越高。岩石的时滞性破坏机理是一个非常复杂的问题，工程中硬脆性围岩的时滞性岩爆深刻地反映了岩石材料破坏的时滞性行为。同时获取岩石破坏所需时间与破坏应力驱动水平（偏应力值/强度比值）关系，从而获取相对较低破坏驱动应力水平下岩石破坏所需滞后时间的预测。

（8）通过开展围岩试样加、卸载破裂断口的电镜扫描试验，分析不同应力路径下岩石断口形貌与内部微裂纹扩展规律，从微细观角度来揭示岩石宏观三轴破裂机制。仔细观察这些典型的断口照片，可以看到其微细观形貌特征，很容易观察到岩样之所以发生破坏是因为岩石材料本身有缺陷，岩样本身并不均一，在长期应力作用下损伤不断积累，最终导致破坏。大理岩破坏断口的显微照片表明，大理岩的破坏实际上是由在加卸载作用下岩样内部的矿物晶体产生滑移运动以及矿物晶体沿着本身的解理面产生位移所导致的。

通过开展岩石在加、卸载应力路径下破坏机理的微细观试验研究,分析了不同应力路径下岩石破裂断口形貌、微裂纹扩展及断面 CT 扫描数规律,从微细观角度探讨了岩石宏观破裂模式。结果表明,大理岩加载破坏时,其宏观裂纹主要由内部的矿物晶粒滑移运动和矿物晶体的解理位移所导致的;大理岩卸载破坏时,试样以拉剪破坏为主,在试样破裂断口聚生了很多扩展裂纹,微观裂隙相互之间在接触面上产生滑移。灰岩在外荷载作用下,表现更多的是岩样内部层理面之间的滑动,主要是由剪切应力而产生的断裂,为压剪状态下微孔裂纹聚集型断裂形式。岩石破裂面大部分呈楔形,而且可以清楚看到楔形破裂面上的擦痕,破裂面上的矿物具有同滑坡中滑带土类似的定向排列效应。沿岩石破裂面可见磨损的断晶集合体,表现出加、卸荷应力下的定向揉搓形貌,岩样中的原始节理裂隙被断裂晶体颗粒充填,岩样出现微裂纹,该裂纹沿着特定的方向发育。在高应力卸荷应力路径下灰岩试样主要表现为拉剪状态下沿非显性层理面间或沿其他类型结构面的解理断裂,也可能表现为沿晶断裂或者是两者之间的相互耦合形式。在高应力卸荷路径下岩样损伤破坏会出现裂纹扩展及滑移,从电镜扫描照片中可以清楚观察到裂纹扩展和滑移沿方解石或石英解理面拉断裂,主要原因是某些节理面与裂纹发展方向垂直,节理面被裂纹切断在拉应力作用下发生分离而破坏,但是其破坏微裂纹的发展并不是定向分布的,而是随机分布的,这些裂纹启裂点大多沿着岩样的原始缺陷发展开来,不具各向同性特征,而是呈现各向异性特征。部分细小断面表现出细腻平滑特征,断面上原始或是次生裂纹发育,断面光滑,未充填矿物颗粒,说明微细观裂纹从孕育到发展直至最终形成贯通面,主要细观裂纹不是呈现闭合状态,而是以张开状态为主。最大剪应力作用方向与主裂隙面平行,这些裂纹均表现为张拉特性,说明岩样的损伤破坏是张拉破坏,主要表现为裂纹张拉而扩张直至最后贯通。

通过单轴压缩和三轴压缩条件下的 AE 声发射试验,当岩石尚未进入塑性变形而处于弹性阶段时,岩样一般声发射较少或者根本没有声发射活动发生,研究者一般将这个阶段定义为声发射沉寂期,这个阶段声发射频度较低。当低围压条件下岩石发生破坏时,一般表现为脆性破坏,在这种情况下,声发射试验计数率大小的分布并不均衡,加荷开始时计数率较低,但在临近结束时突然增大,且各低围压条件下均表现出这一特点,说明在一定围压下岩石的破坏均表现出较强的脆性破坏。从声发射计数率曲线图可以看出,岩石破坏过程中声发射计数率在其达到峰值前出现相对较高的突变点,此时可以认为是岩石进入比例极限点,随着荷载的继续增加,然后迅速突发式出现峰值,因此可以认为该灰岩表现出较强的脆性破坏特征。

(9)岩石在高应力条件下强度表现出显著的非线性特征,在围压范围很大的情况下,线性的强度准则无法准确描述岩石从低围压到高围压的强度变化规律。基于莫尔-库仑强度准则对岩石分别在低、中、高围压段下的强度特征进行拟合分析,得到不同围压范围段的强度参数相互间的差异性较大,表明高应力条件下随着围压的变化强度参数并非一个恒定的常量。Hoek-Brown 准则、幂函数型准则等非线性强度准则,对描述高应力条件下岩石强度的非线性特征具有优势,能够较好地反映从低围压到高围压岩石的强度特性变化规律。

(10)开展基于 MTS 系统的不同应力状态下及不同应力路径的深埋高应力岩石的三轴压缩试验。分析多种不同高应力岩石力学特性,比较常规应力水平和高应力水平下岩石的三维应力强度参数、强度屈服准则的差异性;大理岩和灰岩在较低围压下均表现出一定的脆性,在高围压下转化为延性,高应力下大理岩和灰岩破坏后均会产生较大的塑性变形;线性关系无法很好地反映岩石试样围压与强度的变化规律,而幂函数型非线性莫尔强度准则更符合高应力三轴强度特征。深埋高应力条件下岩体变形及强度特性呈现出非线性,研究了高应力下岩石的本构关系及强度准则。

(11)基于损伤控制加卸载试验研究锦屏水电站大理岩的损伤强度、变形特性及压缩全程中(包括峰前及峰后)强度参数随损伤变量的演化规律。从莫尔-库仑单线性和应变软化的双线性体积膨胀特征出发,结合室内试验成果,基于塑性力学理论,提出了采用双参数非线性函数拟合方法建立能同时考虑围压效应和塑性硬化参量的剪胀角模型。

(12)本书在研究时滞性单轴压缩试验、时滞性三轴压缩强度试验及现有的理论的基础上建立应力强度和破坏驱动应力水平两者随损伤时间变化的关系;在前文与时间相关的室内试验和现有的理论经验的基础上建立了岩石强度参数随时间劣化的力学模型,该模型能合理地描述持续加载对岩石强度的劣化过程,获得岩石强度随时间的演化规律,从理论机制上解释了岩石的滞后破坏效应。

(13)由于时滞性破坏模型中强度参数c、φ两个力学指标是随时间变化的函数,在数值计算中,岩体力学参数是随着单元而不断更新,以此来反映洞室开挖过程扰动了岩石,使岩石发生了劣化的本质。将其应用于数值分析中,分析了损伤后的应力场和位移场。损伤区内的岩体力学参数(弹性模量E、黏聚力c、内摩擦角φ)随着损伤时间的延长不断降低,即开挖后围岩一定区域内的岩体特性发生了劣化,为反映围岩损伤区内岩体力学参数劣化特性,拟合出了强度参数c、φ随时间变化的函数,同时考虑高地应力岩石受到时间和周围高地应力的影响,选取既考虑高应力又考虑损伤时间因素的力学模型模拟围岩劣化的范围和深度,具有重要的现实意义。

本书创新点主要包括以下几项。

(1)基于多种岩石力学试验,获得高应力脆性岩石时滞性破坏效应。综合运用多种岩石力学试验的手段和方法,揭示了高应力条件下脆性岩石强度的非线性特征,并用非线性强度准则描述该非线性强度特征;基于试验成果获得在高应力条件下随着围压的变化,岩石的强度参数并不是一个恒定的常量;建立高应力脆性岩石破坏所需时间与破坏驱动应力水平的关系,获得围压作用下高应力脆性岩石强度随时间劣化的规律以及强度参数随时间劣化的规律;通过时滞性破坏试验研究,揭示了时滞性试验中劈裂破坏形成的机理。

(2)通过电镜扫描、CT扫描试验及AE声发射等多种微细观测试手段,研究、揭示了脆性岩石在不同应力水平及不同应力路径下加、卸载试验中微细观破坏机制,宏观微观破坏模式,加卸载应力路径下脆性岩石微裂隙的扩张特征和微裂隙的演化规律。

(3)结合高应力脆性岩石时滞性破坏效应,建立强度参数c、φ随时间劣化的关系并用合适的函数对该关系曲线进行拟合,改进高应力下脆性围岩劣化的力学模型,将此模型用于三维数值模拟,对高地应力条件下大型地下厂房洞室群围岩开展数值仿真开挖分析,揭示了洞室群开挖过程中围岩随时间变化的变形规律、可能的围岩失稳破坏模式及关键部位等围岩力学行为。

第二节 展 望

随着我国西部大开发建设的发展,工程规模和埋深不断增大,工程岩体特别是高应力岩石的滞后破坏效应越来越明显,工程的长期稳定性就显得尤为重要。笔者对高应力岩石的滞后破坏效应进行了一些有益的尝试。应该指出的是,由于深埋隧洞围岩工程条件及隧道围岩稳定性分析的复杂性,且受时间和作者水平的制约,本书的研究还需要对以下几方面做进一步的研究和探讨:

(1)由于目前试验仪器的制约以及时间的限制,关于深埋岩石,由于其所处的地质环境异常复杂,岩石的变形破坏除了受高地应力的影响,还会受到其他多种因素的影响,诸如地下水、温度、化学腐蚀等,这些因素的影响还有待于进一步研究。

(2)高应力岩石滞后性破坏效应除了考虑静荷载,还可以考虑动荷载及将动静荷载结合起来。

主要参考文献

曹广祝,仵彦卿,丁卫华,等,2005.单轴-三轴和渗透水压条件下砂岩应变特性的CT试验研究[J].岩石力学与工程学报,24(A02):5733-5739.

曹树刚,边金,李鹏,2002.岩石蠕变本构关系及改进的西原正夫模型[J].岩石力学与工程学报,21(5):632-634.

陈厚群,丁卫华,党发宁,等,2006.混凝土CT图像中等效裂纹区域的定量分析[J].中国水利水电科学研究院学报,4(1):1-7.

陈勉,张艳,金衍,等,2009.加载速率对不同岩性岩石Kaiser效应影响的试验研究[J].岩石力学与工程学报,28(增1):2599-2603.

陈四利,冯夏庭,李邵军,2003.岩石单轴抗压强度与破裂特征的化学腐蚀效应[J].岩石力学与工程学报,22(4):547-551.

陈宗基,康文法,1991.岩石的封闭应力、蠕变和扩容及本构方程[J].岩石力学与工程学报,10(4):299-312.

陈宗基,1982.地下巷道长期稳定性的力学问题[J].岩石力学与工程学报,1(1):1-8.

单仁亮,薛友松,张倩,2003.岩石动态破坏的时效损伤本构模型[J].岩石力学与工程学报,22(11):1770-1176.

邓广哲,朱维申,2002.蠕变裂隙扩展与岩石长时强度效应实验研究[J].实验力学,17(2):177-183.

邓广哲,朱维申,1998.岩体裂隙非线性蠕变过程特性与应用研究[J].岩石力学与工程学报,17(4):358-365.

丁秀丽,2005.岩体流变特性的试验研究及模型参数辨识[D].武汉:中国科学院武汉岩土力学研究所.

方荣,朱珍德,张勇,等,2005.高温和循环高温作用后大理岩力学性能试验研究与比较[J].岩石力学与工程学报,24(A01):4735-4739.

冯夏庭,王泳嘉,1998.深部开采诱发的岩爆及其防治策略的研究进展[J].中国矿业,7(5):42-45.

高春玉,徐进,何鹏,等,2005.大理岩加卸载力学特性的研究[J].岩石力学与工程学报,24(3):456-460.

葛修润,任建喜,2000.岩石细观损伤扩展规律的CT实时试验[J].中国科学(E辑)(4):

104-111.

葛修润,2008.岩石疲劳破坏的变形控制律、岩土力学试验的实时X射线CT扫描和边坡坝基抗滑稳定分析的新方法[J].岩土工程学报,30(1):1-20.

何满潮,苗金丽,李德建,等,2007.深部花岗岩试样岩爆过程实验研究[J].岩石力学与工程学报,26(5):865-876.

何满潮,钱七虎,等,2010.深部岩体力学基础[M].北京:科学出版社.

何满潮,2007.深部煤矿灾害机理及监测研究进展[J].煤炭科技(1):1-4.

金丰年,蒲奎英,1995.关于粘弹性模型的讨论[J].岩石力学与工程学报,14(4):335-361.

李江腾,曹平,袁海平,2006.岩石亚临界裂纹扩展试验及门槛值研究[J].岩土工程学报,28(3):415-418.

李俊平,余志雄,周创兵,等,2006.水力耦合下岩石的声发射特征试验研究[J].岩石力学与工程学报,25(3):492-498.

李庶林,尹贤刚,王泳嘉,等,2004.单轴受压破坏全过程声发射特征研究[J].岩石力学与工程学报,23(15):2499-2503.

李铀,朱维申,白世伟,等,2003.风干与饱水状态下花岗岩单轴流变特性试验研究[J].岩石力学与工程学报,22(10):1673-1677.

梁忠雨,高峰,杨晓蓉,等,2010.加载速率对岩石声发射信号的影响试验研究[J]矿业研究与发展,30(1):12-15.

梁忠雨,高峰,钟卫平,等,2007.岩石脆性断裂试验的声发射分析[J].矿业工程,5(2):16-17.

刘冬梅,蔡美峰,周玉斌,等,2006.岩石裂纹扩展过程的动态监测研究[J].岩石力学与工程学报,25(3):487-472.

刘宁,张春生,褚卫江,2011.深埋大理岩破裂扩展时间效应的颗粒流模拟[J].岩石力学与工程学报,30(10):1989-1996.

刘泉声,许锡昌,山口勉,等,2001.三峡花岗岩与温度及时间相关的力学性质试验研究[J].岩石力学与工程学报,20(5):715-719.

卢应发,田斌,余天堂,等,2005.不同加载路径饱和岩石力学特征的试验研究[J].岩石力学与工程学报,24(A01):5065-5071.

潘长良,祝方才,曹平,等,2001.单轴压力下岩爆倾向岩石的声发射特征[J].中南工业大学学报,32(4):336-338.

潘鹏志,冯夏庭,周辉,2009.脆性岩石破裂演化过程的三维细胞自动机模拟[J].岩土力学,30(5):1471-1476.

彭芳乐,李福林,李建中,等,2008.加载速率变化条件下砂土的黏塑特性及本构模型[J].岩石力学与工程学报,27(8):1576-1585.

浦奎英,范华林,2001.流变损伤模型及其应用[J].河海大学学报,29(增):17-20.

秦四清,李造鼎,张倬元,等,1993.岩石声发射技术概论[M].成都:西南交通大学出版社.

任建喜,2002.单轴压缩岩石蠕变损伤扩展细观机理CT实时试验[J].水利学报(1):10-15.

沈军辉,王兰生,王青海,等,2003.卸荷岩体的变形破裂特征[J].岩石力学与工程学报,22(12):2028-2031.

沈明荣,石振明,张雷,等,2003.不同加载路径对岩石变形特性的影响[J].岩石力学与工程学报,22(8):1234-1238.

沈为,1991.弹脆性材料的损伤本构关系及应用[J].力学学报,23(5):374-378.

沈新普,岑章志,徐秉业,1995.弹脆塑性软化本构理论的特点及其数值计算[J].清华大学学报,1995,35(2):22-27.

唐辉明,晏鄂川,胡新丽.工程地质数值模拟的理论与方法[M].武汉:中国地质大学出版社,2001.

汪斌,朱杰兵,邬爱清,等,2010a.高应力下岩石非线性强度特性的试验验证[J].岩石力学与工程学报,3(29):542-548.

汪斌,朱杰兵,邬爱清,等,2008.锦屏大理岩加、卸载应力路径下力学性质试验研究[J].岩石力学与工程学报,27(10):2138-2146.

汪斌,朱杰兵,严鹏,等,2012.大理岩损伤强度的识别及基于损伤控制的参数演化规律[J].岩石力学与工程学报,2012,31(增2):3967-3973.

吴刚,孙钧,1998.卸荷应力状态下裂隙岩体的变形和强度特性[J].岩石力学与工程学报,17(6):615-621.

吴刚,2001.工程岩体卸荷破坏机制研究的现状及展望[J].工程地质学报,9(2):174-181.

仵彦卿,曹广祝,王殿武,2005.基于x射线CT方法的岩石小裂纹扩展过程分析[J].应用力学学报,22(3):484-490.

夏熙伦,徐平,1996.岩石流变特性及高边坡稳定性流变分析[J].岩石力学与工程学报,15(4):312-322.

肖洪天,周维垣,杨若琼,2000.三峡永久船闸高边坡流变损伤稳定性分析[J].土木工程学报,33(6):94-95.

徐光苗,刘泉声,彭万巍,等,2006.低温作用下岩石基本力学性质试验研究[J].岩石力学与工程学报,25(12):2502-2508.

徐林生,王兰生,李永林,2002.岩爆形成机制与判据研究[J].岩土力学,23(3):300-302.

徐松林,王广印,2001.大理岩等围压三轴压缩全过程研究I:三轴压缩全过程和峰前、峰后卸围压全过程试验[J].岩石力学与工程学报,20(6):763-767.

徐文胜,许迎年,王元汉,等,2000.岩爆模拟材料的筛选试验研究[J].岩石力学与工程学报,9(增):873-877.

杨春和,陈锋,曾义金,2002.盐岩蠕变损伤关系研究[J].岩石力学与工程学报,21(11):1602-1604.

杨圣奇,徐卫亚,谢守益,等,2006.饱和状态下硬岩三轴流变变形与破裂机制研究[J].岩土工程学报,28(8):962-969.

杨艳霜,周辉,张传庆,等,2011.大理岩单轴压缩时滞性破坏的试验研究[J].岩土力学,32(9):2714-2720.

尹小涛,葛修润,李春光,等,2010.加载速率对岩石材料力学行为的影响[J].岩石力学与工程学报,29(增1):2610-2615.

尤明庆,苏承东,缑勇,2007.大理岩孔道试样的强度及变形特性的试验研究[J].岩石力学与工程学报,26(12):2420-2429.

喻勇,尹健民,2004.三峡花岗岩在不同加载方式下的能耗特征[J].岩石力学与工程学报,23(2):205-208.

张镜剑,傅冰骏,2008.岩爆及其判据和防治[J].岩石力学与工程学报,27(10):2034-2042.

张茹,谢和平,刘建锋,等,2006.单轴多级加载岩石破坏声发射特性试验研究[J].岩石力学与工程学报,25(12):2584-2588.

周汉民,刘志方,艾春娟,2005.一种岩石节理内聚力时效性降低的断裂力学方法[J].金属矿山(3):15-19.

周青春,李海波,杨春和,等,2005.南水北调西线一期工程砂岩温度、围压和水压耦合试验研究[J].岩石力学与工程学报,24(20):3639-3645.

周维垣,剡公瑞,杨若琼,1998.岩体弹脆性损伤本构模型及工程应用[J].岩土工程学报,20(5):54-57.

周维垣,杨若琼,剡公瑞,1997.岩体边坡非连续非线性卸荷及流变分析[J].岩石力学与工程学报,16(3):210-216.

周小平,哈秋聆,张永兴,等,2005.峰前围压卸荷条件下岩石的应力应变全过程分析和变形局部化研究[J],岩石力学与工程学报,24(18):3236-3245.

朱合华,闫治国,邓涛,等,2006.3种岩石高温后力学性质的试验研究[J].岩石力学与工程学报,25(10):1945-1950.

朱杰兵,汪斌,邬爱清,等,2010b.锦屏水电站绿砂岩三轴卸荷流变试验及非线性损伤蠕变本构模型研究[J].岩石力学与工程学报,3(29):528-534.

ALEJANO L R, ALONSO E, 2005. Considerations of the dilatancy angle in rocks and rock masses[J]. International Journal of Rock Mechanics and Mining Sciences, 42(4):481-507.

BRACE W F, Paulding B W, Scholz C, 1966. Dilatancy in the fracture of crystalline Rocks[J]. Journal of Geophysical Research, 71:3939-3953.

CAI M, KAISER P K, MARTIN C D, 2001. Quantification of rock mass damage in underground excavations from microseismic event monitoring[J]. International Journal of Rock Mechanics and Mining Sciences, 38(7): 1135-1145.

CAI M, KAISER P K, TASAKA Y, 2004. Generalized crack initiation and crack damage stress thresholds of brittle rock masses near underground excavations[J]. International Journal of Rock Mechanics and Mining Sciences, 41(5): 833-847.

DIEDERICHS M S, 2003. The 2003 Canadian geotechnical colloquium: Mechanistic interpretation and practical application of damage and spalling prediction criteria for deep tunneling [J]. Canadian Geotech Journal, 44(6): 1082-1116.

GRIFFITH A A, 1921. The phenomena of rupture and flow in solids[J]. Philosophical Transaction of the Royal Society of London, A221: 163-198.

HAJIABDOLMAJID V, 2001. Mobilization of strength in brittle failure of rock[D]. Kingston, Canada: Queen's University.

HAJIABDOLMAJID V, KAISER P K, MARTIN C D, 2002. Modeling brittle failure of rock[J]. International Journal of Rock Mechanics and Mining Sciences, 39(5): 731-741.

HOEK E, 2005. Rock Engineering[M]. Rotterdam: A. A. Balkema Publishers.

KAISER P K, DIEDERICHS M S, EBERHARDT E, 2004. Damage initiation and propagation in hard rock during tunnelling and the influence of near-face stress rotation [J]. International Journal of Rock Mechanics and Mining Sciences, 41(5): 785-812.

KORZENIOWSKI W, 1991. The rheological model of hard rock pillar [J]. Rock Mechanics and Rock Engineering(24): 155-166.

LEI X L, MASUDA K, NISHIZAWA O, et al. , 2004. Detailed analysis of acoustic emission activity during catastrophic fracture of faults in rock[J]. Journal of Structural Geology, 26: 247-258.

MALAN D F, 2002. Simulation of the time dependent behavior of excavations in hard rock [J]. Rock Mechanics and Rock Engineering, 35(4): 225-254.

MALAN D F, 1999. Time-dependent behavior of deep level tabular excavations in hard rock[J]. Rock Mechanics and Rock Engineering, 32(2): 123-155.

MARTIN C D, 1997. Seventeenth Canadian geotechnical colloquium: The effect of cohesion loss and stress path on brittle rock strength [J]. Canadian Geotech Journal, 34(4): 698-725.

MARTIN C D, 1993. The strength of massive Lac du Bonnet granite around underground openings[D]. Manitoba: University of Manitoba.

MARTINO J B, CHANDLER N A, 2004. Excavation-induced damage studies at the underground research laboratory [J]. International Journal of Rock Mechanics and Mining

Sciences,41(8):1413-1426.

MITAIM S, DETOURNAY E, 2004. Damage around a cylindrical opening in a brittle rock mass[J]. International Journal of Rock Mechanics and Mining Sciences, 41(8): 1447-1457.

NGUYEN T S, BORGESSON L, CHIJIMATSU M, et al. , 2001. Hydro-mechanical response of a fractured granitic rockmass to excavation of a test pit - the Kamaishi Mine experiment in Japan[J]. International Journal of Rock Mechanics and Mining Sciences, 38 (1):79-84.